钢笔手绘——别墅造型

陈恩甲 著

大连理工大学出版社

图书在版编目 (CIP) 数据

钢笔手绘：别墅造型 / 陈恩甲著. 一大连：大连
理工大学出版社, 2013.4
　　ISBN 978-7-5611-7734-1

　　Ⅰ. ①钢… Ⅱ. ①陈… Ⅲ. ①别墅－建筑艺术－钢笔
画－绘画技法 Ⅳ. ① TU204

中国版本图书馆 CIP 数据核字 (2013) 第 049670 号

出版发行：大连理工大学出版社
　　　　　（地址：大连市软件园路 80 号 邮编：116023）
印　　刷：大连金华光彩色印刷有限公司
幅面尺寸：260mm×248mm
印　　张：14.5
出版时间：2013 年 4 月第 1 版
印刷时间：2013 年 4 月第 1 次印刷
策　　划：张　泓
责任编辑：裘美倩
责任校对：王秀媛
封面设计：张　群

ISBN 978-7-5611-7734-1
定　　价：48.00 元

电　话：0411-84708842
传　真：0411-84701466
邮　购：0411-84703636
E-mail：designbook@yahoo.cn
URL：http:// www.dutp.cn

如有质量问题请联系出版中心：（0411）84709043 84709246

前　言

建筑钢笔画在绘画学科里是一种比较实用、简单的绘画方法。从学生时代开始的简单构图到从事最繁琐的绘画或建筑、园林、雕塑、规划等设计工作一般都要从钢笔或铅笔的勾勾画画开始，坚持不懈地反复演练，从易到难，从简到繁，使技法逐步娴熟，做到用笔纯熟、自然、飘逸、顿挫与果断，是练习建筑钢笔画的必需过程。建筑钢笔画运用线条的排列、组合来表现物体的空间感和体积感，用笔的技巧对画面效果而言是很重要的。作钢笔画要打好基础，要有信心和耐力，动脑动手、反复练习，才能产生生动的画面效果，逐步的提高构图能力、空间想象和构思能力，这是绘画者作画或设计的必修课。

任何物体的存在都有其自身形式变化的规律，建筑的形体变化是它基本使用功能空间所决定的，比如，住宅有卧室、起居室、厨房、卫生间、楼梯、阳台等，都要符合人性化的需求，每个房间都有使用功能要求，各房间的组合要服从于人们生理、生活的需求，体现出住宅的生活气息和性格，这就造就了住宅建筑外部空间形体造型上的特点和规律。

建筑钢笔画在立意和构思上同建筑设计一样，要表现出建筑物本身的形式美，利用反复的勾画来深化和分析建筑形体变化的艺术效果。作建筑钢笔画首先要打好基础，要用艺术的眼光去观察、捕捉和审视大自然环境中的所有景物，如建筑、植物、山石等，寻找它们的形象特点，便于取舍入画。作画时一定要激发自身的绘画兴趣，捕捉灵感，要有信心和耐力，反复实践，同时认真分析和学习他人的绘画技巧，对自己的提高也很有好处。要掌握娴熟的绘画技巧就要不辞辛苦，从严要求自己，才能较快地取得进步。在这里要强调的是：作为建筑师，不仅仅是能画、会画和技法问题，对于建筑师而言，建筑绘画只是一个必要的过程和手段，更要不断培养对建筑艺术的观察能力和审美能力，带有感情来设计和绘画十分重要。

笔者将这本书的写作过程当作是一个学习的过程。前些年一直从事建筑设计工作，搜集了许多国内外有关别墅住宅的资料和图片，通过此次绘画和研究又学习到不少知识。书中有些别墅也是笔者设计的，一并绘出展示给大家。由于水平有限，书中难免存在一些错误，希望广大读者批评指正。

编　者　陈恩甲

2012 年 2 月 20 日于哈尔滨

目　录

第一部分
建筑钢笔画概述

一、 建筑钢笔画的基本概念

1.建筑钢笔画的作用及意义

建筑钢笔画是建筑艺术的一种表现形式，但它不是单纯的绘画艺术，而是反映并表现建筑设计的意图和效果；因此，绘画时要在头脑中组织建筑形体的各空间组合构成，要表现出建筑的整体形象，即人们常说的"立意和构思"。但作为建筑师表现的不仅仅是钢笔画的技法，而是对建筑钢笔画的再认识，分析建筑形体设计效果的真实性。建筑钢笔画的真实性和形体美是同样重要的，对建筑师而言具有积极的意义。

建筑钢笔画方便、快捷、朴素、明快，是建筑师们常用的"方案比较"和"方案优化"的形式，作画时不能脱离建筑使用功能的设计意图，建筑内部空间组合、建筑防火等均不能违背建筑设计规范和相应规定与规程。建筑物的形态是多种多样、千变万化的，因此从事建筑绘画首先要根据各平面、立面、剖面勾画出建筑方案外廓效果图，也就是建筑直观的透视图，在满足使用功能的前提下，应更好地表现和突出建筑的外部空间形象，较为真实地反映建筑物各部位组合的尺寸关系及各部位比例的准确性。

建筑画是建筑设计方案表现方式的一种，也是建筑施工图设计前的一个重要环节。绘画者一般都希望能快速地绘出理想的建筑透视图来，但是往往事与愿违，绘出的透视图有时会与实际建筑或与立意、构思的建筑形象有差距，这时绘画者（建筑设计师）往往是重新调整建筑的内部空间组合，比如，调整房间位置或调整房间规格，这样反复修改的目的是为了更好、更真实地表现建筑形象。对初学者而言，除努力学习建筑设计技术之外，还要逐步学好建筑绘画，多做练习，逐步绘好透视图，提高审美能力，丰富自己的想象力，以创作出更加完美的建筑作品。

2.建筑钢笔画造型的构图及轮廓

从绘画角度讲，要画出完美的画面，构图是必要的过程。组织画面、处理建筑在画面中的位置、配景与建筑的比例等都需要反复斟酌和修正。在画面上，建筑物及配景的比例过大或过小，或者位置过偏，都不可取。建筑物过大，留给配景面积过小，画面会显得拥挤；建筑物过小，画面空旷，配景面积过大，画面的主体（建筑物）没有得到突出，因此，组织画面要考虑全面、适宜，不得偏颇，以免顾此失彼或喧宾夺主。

在组织画面时可以先徒手打个草稿，探索一下建筑物在画面中的位置，勾画出建筑立面的长宽比例及视点、视距、视角、视高和地平线高度及灭点位置。建筑物是画面中的主体，有关建筑物的基本想法成熟后，再确定环境配景中的内容，比如，树木、草地、山石、亭子、花台、栏杆、轿车、人物等等。环境配景处理组织是建筑外部空间的学问，同样也是建筑师注重的关键点之一。

古今中外的优秀建筑不胜枚举，尽管建筑的风格流派很多，但是建筑形式美的原则是不变的。以笔者的经验，要绘出好的透视图首先要了解透视图的基本原理，掌握几种透视方法，其目地是把我们所看到和立意构思的建筑物真实地画出来。透视图画好以后，建筑物轮廓便基本确定。

● 已有建筑轮廓

● 布置环境配景

● 完成图

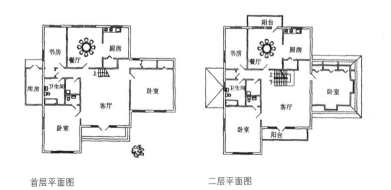

首层平面图　　　　　　　二层平面图

3. 坡地住宅建筑绘画

我国幅员辽阔，人口众多，山地、坡地盖房是常有的事，这主要是为了充分利用山地、坡地，节约良田，依山就势修建住房是我们所提倡的。

从建筑设计角度讲，坡地住宅的设计和施工都离不开地形变化，结合地形变化布置建筑，对建筑的安全性、节约建材、节省造价有许多好处。

从绘画角度讲，由于坡差关系，坡地、山地建筑可以产生多种形式空间，如建筑体的错叠、跌落、掉层、吊脚、悬挑等，使建筑外部空间产生复杂变化，这种变化往往是自然环境空间与建筑形体外部空间的组合，将建筑美与自然美巧妙融合。所谓的"跌落式"是指同一栋住宅的屋面、地面沿顺坡方向形成错台的阶梯形式，由于别墅住宅体量较小，这种情况并不多见；所谓掉层、吊脚、悬挑是指建筑下部结构的处理所产生的构造变化。掉层是指在坡地上建造别墅的底层部分，局部下落半层或数层，别墅的底部顺坡做成阶梯状；吊脚是指别墅的底层顺下坡方向设架空层；悬挑是指用钢筋混凝土梁或钢结构的构架为悬臂承重构件，上部各楼层荷载均落于此构件上。以上的各种空间形式会产生不同建筑风格的特殊性和趣味性，给人以新奇感，并巧妙利用坡地空间所产生的个性美感。在绘制此类建筑透视图时要注意地平线、视高数据的调整、把握、观察建筑形体变化与跌落场景的环境美，画面中山石嶙峋、峻峭，悬崖绝壁、山石皱纹走势尽可能在绘画中表现出来。

二、建筑钢笔画透视基础知识

1. 视点、视距、视角、视高的确定及选择

透视图首先要选择和确定画面的大小，建筑钢笔画不宜做得很大，选择视点位置及视距、视角、视高的数据很重要，因为它们对建筑形体的变化及效果有着直接影响。人们观察建筑物时，如果要看得全面、清晰，很自然就会选择一定的范围、距离、位置和角度。所谓视点是指人们所站位置；视距是从视点到建筑物的距离，距离越近，所看到的建筑就越大，画面的灭点就越近，反之距离越远看到的越小，灭点就越远。人们可以从不同角度去观察建筑物，建筑物与画面的角度越小所看到的建筑物就越大、越清晰，建筑物的侧面就越小。不同视角所看到的建筑物会产生不同的透视效果，至于多大角度合适，主要取决于绘画者确定要表现的主视面。视高即视点人的眼睛距地平线的高度，不同视高会产生仰视或俯视的效果，比如要表现建筑高大雄伟时，视高就可以低一些。视高一般选择 1.2 ~ 1.8m，绘出的透视图比较真实。

画好透视图不仅仅要注意上述几点，还应注意画面位置的选择、地平线（基线）、灭点（消失点）等术语的概念，绘制透视图时应适当反复地调整和修正。掌握透视原理和方法需要一定的时间和过程，必须经常练习，活学活用，总结规律，习而久之便灵活自如。有了扎实的基本功后，绘制透视图就会如同行云流水一样自如，能够更快速、更深刻地理解绘制透视图的原理和技巧，也更有利于提高表现建筑物形象的能力。

2. 几种常用的透视方法

绘制建筑透视图，首先要对建筑物的形体变化有详细的了解，在心里有所准备，在技术上也有一个熟练

过程，有了经验和扎实的功底后，就能够从头到尾随心自如地完成透视图工作。透视图画法讲究简洁、快速、准确，常用透视法主要有三种。

一灭点透视法（正透视法）较多用于室内透视或街景透视，也用于突出建筑某个立面的透视，建筑基本平行于画面，是正面的外观透视，视线基本垂直于画面，其灭点必然消失在画面的建筑外廓范围内的地平线上；其优点是作图占用面积小，作图比较简单，也叫做视心消失画法。这种画法空间感强，为了提高建筑物的透视效果，最好不要把视点放在建筑物的中心处，宜放在建筑物外廓线的内偏心三分之一或四分之一处，以求增强空间感。

二灭点透视法（成角透视）即人们不是在建筑立面的中心位置看建筑物，而是视线与建筑立面之间有角度地去观察，观察建筑物形成的两条视线其两个灭点消失在画面中建筑两侧的地平线上。当两灭点距离近时，建筑物的顶部边线与地平线角度就大些，即透视消失线就陡些；两灭点距离远时，消失线就缓些。总之，要不断调整两灭点的距离和视点位置，直到满意为止。此种透视法是最常应用的，能够充分表现建筑的外部空间变化。

三灭点法即当人们在地面上观察高层建筑时形成的仰视；再比如，当人们在高层建筑或在山上观察城市、建筑时形成的俯视。其视线所形成的灭点有三个，两个消失在建筑两侧地平线上，一个消失在建筑上部天空中。

无论是哪种透视，作画时根据具体情况可随时调整视点、视距、视高和视角，最终透视效果要好，要产生强烈的空间感，而这些都需要在实践中不断地摸索，反复演练，总结经验以提高透视技法。

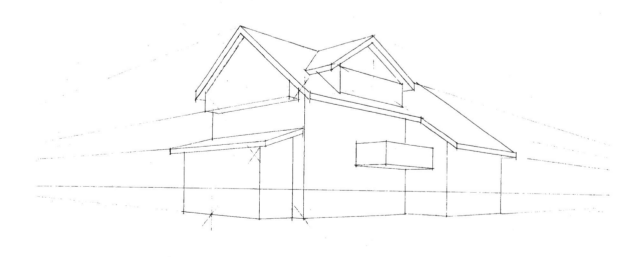

● 二灭点透视图

● 二灭点透视与构图步骤 1

● 二灭点透视与构图步骤 2

● 完成图

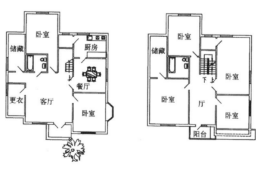

首层平面图   二层平面图

三、钢笔画的手绘技法

1. 钢笔画特点

钢笔便于携带，外出旅行时随手取之便可写生，许多建筑师、设计师、规划师们也都很重视钢笔画的训练和培养。

建筑钢笔画不同于水粉画和油画，不能反复地覆盖和描画，钢笔画的技巧是训练出来的，用笔要审慎果断，画错、画坏是常有的事，这就要求我们多付出努力，多练、多看、多动脑，不断探索、进取、追求，坚持不懈地练习，最终修成正果。

钢笔画以点、线为造型构成基本元素，完全不同于色彩画，钢笔画面的黑、白、灰以及独特的质感，给人以简洁、明快、细腻的感觉。用笔以个人的喜好和习惯为主，可以有多种，比如，过去建筑专业常用的针管笔、普通钢笔、中性笔等都比较常用。根据绘画手法的不同，画出的效果也有很大差别。就个人手法、技术而言，有的潇洒飘逸，有的粗犷豪放，还有的柔和精细，各有千秋，缤纷多姿，体现出手法的个性和创造性，百花齐放正是钢笔画艺术所必需的。

2. 钢笔画线基本功

钢笔画表现形式是以各种艺术的点、线的疏密排列和组合来造就画面，如：点、线构成面，构成阴影，也能构成材料质感。通过点、线的疏密，以及用笔轻重、力度、急缓、方向表现明暗层次及建筑物的形体变化，乃是钢笔画最重要的造型基础，是一项基本功。在钢笔绘画过程中要不断地练习各种线的画法，如直线、曲线、弧线等，从简到繁，循序渐进，包括长短线的组合排列、曲线和直线的组合排列、粗细线的排列组合；点与线的组合、多点成面及线排列成面的组合；网格、竖向、水平线、斜线的交叉网线、弧排线的练习，绞丝线、放射线的组合排列、粗细排线渐变练习等，这些线的画法都很重要，要做到意到笔到，只有动脑地立意构思才能画出优秀钢笔画作品。

●不同点、线的表达方法 1

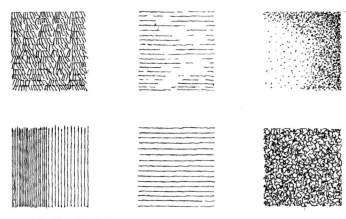

●不同点、线的表达方法 2

对建筑绘画而言，明暗、阴影是必不可少的，如表现明暗的光影是最大量地应用排线或点的疏密渐变的手法，阴影过重或过轻时可采用渐变手法来过渡。实际的阴影也有深有浅，并不是一成不变的，对光的认识，对画面中的明暗及光源方向、角度的分析，在建筑绘画中十分重要。分辨出哪些是黑、白、灰，描绘得好不仅增加了画面生动形象的视觉效果，也增加了空间立体感。

画线是基本功，用笔的粗细要心里有数，要从简单到复杂，使运笔得心应手、自然、流畅。要达到笔法多变的境界就要经常练习，灵活控制用笔的力量，轻重、快慢、刚柔、曲直以及笔触、顿挫及点触都要应用自如。用笔时头脑也应有创意，思路活跃，绘画时要观察分析，把握整个画面，分辨重点和局部变化，要胸有成竹，一气呵成。

描绘建筑物时有近景、中景和远景之分。近景一般是画面的重点部分，调子应略为重些，中景、远景略为灰淡些。在绘画时，对画面要有分析地选择哪些先画，哪些后画，哪些留白。对绘制别墅而言，一般是先画中景，即先画别墅，再画近景和远景。在绘画过程中应注意画面的完整性和统一性，注意分辨出景物的主次层次、纵深感和虚实感，明确建筑物为主题，抓住其特征重点描绘。如有比较复杂的景物也可先画草稿预留出位置或先完整地画出来，具体要看实际画面去分析确定。

四、钢笔画的工具与应用

钢笔画的工具比较简单，笔者很少用蘸水钢笔，尤其是旅行外出写生时比较麻烦，所以，笔者一般使用自来水钢笔或中性笔，过去也用过圆珠笔。用自来水钢笔时，直头或弯头可根据实际情况随意选择，笔尖的粗细也可以自己用油石去磨，灌用普通墨水或碳素墨水均可。中性笔使用起来比较方便，也比较常用，但是中性笔的缺点是笔芯越细画出的笔道颜色越浅，往往是笔芯还未用完就已干涩不畅，而较粗笔尖偶有滴水现象，使用时也应注意。一般中性笔的使用规格有 0.28（财会记账笔）、0.3、0.5、0.7、0.8、1.0 这几种。

钢笔画对于绘画用纸并无太严格的要求，一般要求纸面光滑些，下笔有浸洇的不用，素描纸、较厚的复印纸、白卡纸都可用。一般不用色纸或宣纸，钢笔细线在色纸上容易看不清楚，而宣纸的渗化浸洇无法使用钢笔排线，尤其是密排线。因此，宣纸只适用于单线白描钢笔画，但宣纸的钢笔画线描很有些品位，有些特点不是普通白纸能做到的，亦有些类似国画的韵味。笔者习惯用较厚的纯白素描纸，画错了可以用刀片刮，薄纸就刮不得。

锋利刮图刀片，如手术刀片，亦可使用钢丝自制刀笔或削铅笔双面刀片，用于画面留白、刮白或刮去笔误部分。但钢笔作画的线条不宜反复修改，否则不仅影响画面整洁，还会影响到画面明快、秀丽的效果。

五、建筑钢笔画配景设计

1. 别墅景园组景艺术布局及特点

景园——景观园林，同建筑艺术一样是空间艺术，是与建筑学、规划环境学、绘画艺术、雕塑艺术等相关的综合性专门学科。景园同建筑艺术一样有着历史渊源和地方特性。建筑不应孤立存在，而应融于自然，尤其是中国景园有着悠久历史、鲜明的个性和艺术价值，是中国文化的组成部分，中式建筑特色和景园美的融合有着浓郁的"诗情画意"。

从环境角度来说，画面配景是景园所需要的组景艺术，其原则是总体空间布局划分在统一中产生变化和层次感，主要包括两个方面，一是植物生态的配置艺术；二是植物的种植位置，二者与建筑、山石、水面和道路都有关联。从艺术角度来说，建筑艺术与景园艺术是和谐的统一整体，总体空间布局风格特点要突出。现今，无论是自然景观或是人工景观，都有专门负责设计和研究的流派，景园风格多种多样，比如，中式传统民族风格、中式现代风格、日式、欧式、古埃及式等，相对应地在画面中亦应绘出它们的艺术特点。

在画面中供观赏的较大景园常有水榭、亭廊、花草树木、水池、草坪等元素，其位置与建筑环境相适宜，并利用巧妙的空间布局形成主调、配调和谐有序，近景、远景虚实搭配的效果。

从画面上看，别墅景园配景艺术的植物及小品丰富了画面。植物品种的选择有一定科学性，如植物品种过多，则会使整体显得繁杂，没有章法；因此，景园画面的组织应是统一中有变化而又不凌乱。比如，建筑周围的花木布置要避免影响采光和日照，夏日房屋适当有遮阳是好的，但树木的选择不必过于高大，与其他植物的搭配要能产生适宜的层次感。草坪、树木等的植物配置，其外观、深浅颜色要搭配、姿态要潇洒优美，质感要清新淡雅。这样的画面近景要适宜地作以细部刻画，将在光的作用下，树、花、草的明确明暗关系表达出来，同时注意外廓线的连续变化，用笔要讲究简练、概括、清晰，不宜画蛇添足。

2. 画面中的山石、植物和草坪的画法

山石、植物和草坪是自然景园中不可缺少的部分。在钢笔建筑画中，虽然这些元素都是配景，但除了描绘好建筑物外，也应尽可能完美地处理好环境气氛。要始终将建筑物作为画面中的主体，因此不能过分炫耀配景，也就是不要喧宾夺主，当然也不要枯燥无味。建筑与环境相协调是建筑设计、建筑绘画中经常要注意的重要问题。

山石形体复杂，甚至可以说是变化无常，其与画面环境密不可分，选择哪种山石入画要意在笔先。基本上，入画的山石有浑圆石、方整石、峭壁石、蘑菇石、盘圆石、庭院石等许多种类。浑圆石、方整石通常用在草坪、水面及路边，用以点缀或组合之用；峭壁石常用于山坡、山边及水边。画石的方法较多，较常用的如国画手法中的披麻皴、斧劈皴及勾触，用点、线、面处理石头上的黑、白、灰调子及阴影关系，以增加石头的立体感。

　　大自然中树木、花草的形体变化千姿百态，因此它们的明暗变化亦十分丰富。树木和建筑一样，它的明暗是由光的作用，主要是太阳光的作用所造成的。受光面是亮面，阴影处是暗面，明暗是对比而言，有明暗就有了层次，树木、花草的明暗一般是高光、侧光的作用。树叶越密，底部越暗；树干也有亮面，往往是在树干的下部，绘画中也要注意。树木是画面中重要内容，在绘画时要注意树干、树冠造型的变化，并注意明暗、搭配和衬托关系。描画树木、花草也有近景、中景和远景之分，近景要画得突出一些、亮一些，用笔要掌握粗细；反之，远景要画得虚些，用笔要轻一些、细一些。近景的树木、花草宜画出它们的叶、茎、枝的柔曲、纤细或挺直，突出表现它们的性格和特点。树结和纹理是树干的主要特征之一，描绘近景时要绘出它们的光影及明暗关系；而中景或远景的树木可画得虚些，如用点触、绞丝或细密排线的手法来表现。

　　草坪可分自然生长和人工种植两种，在画法上，自然生长草坪用随意短线表示，种植草坪一般具有规律性，描绘时要横平竖直。描绘草坪也要注意光影和明暗，相应地在画面上表示出来。

● 山石、植物和草坪的画法 1

● 山石、植物和草坪的画法 2

●山石、植物和草坪的画法 3

●山石、植物和草坪的画法 4

●山石、植物和草坪的画法 5

●山石、植物和草坪的画法 6

19

●山石、植物和草坪的画法7　　　　　　　　●山石、植物和草坪的画法8

3. 建筑细部的画法和质感表现

世界上的建筑风格有很多，大体分有：中国古典式、现代式、后现代式、巴洛克、哥特式、伊斯兰式等等，无论是哪种风格，使用哪种绘画技巧，钢笔建筑画都应尽可能地忠实于原始建筑。绘画者要仔细观察建筑的正立面、侧立面、柱子、檐口、女儿墙等细部装饰特征，还有墙面、线脚和门窗边的装饰，画面要注意线型、比例、虚实对比等关系，才能突出细部装饰的性格和特点。画细部装饰时用笔要简洁、轻松、流畅，突出装饰特点，重点描绘出它们的质感，表现出建筑装饰的真实艺术效果。

屋面的材质及瓦的形状也有许多种，比如有小青瓦、圆弧形瓦、黏土瓦、油毡瓦、石棉瓦、铁皮鱼鳞瓦等，绘画表现方法亦应有所不同。墙的品种也很多，建筑外墙面及近景装饰比较复杂，如毛石墙、虎皮石墙、方整石墙、蘑菇石墙、土墙、瓷砖面墙、玻璃墙、栏板墙、钢筋混凝土墙和水刷石墙等等，大多数艺术墙面都有着自己的特征，表现出质感的关键就是要画出它们的特征，比如，描绘蘑菇石墙、毛石墙和方整石墙时要表现出粗糙、纹理的质感。对于建筑细部装饰质感的表达不能脱离实际，但手法要简练，兼顾艺术性和个性，每个部位都要着重分析和细腻刻画。

第二部分

别墅造型

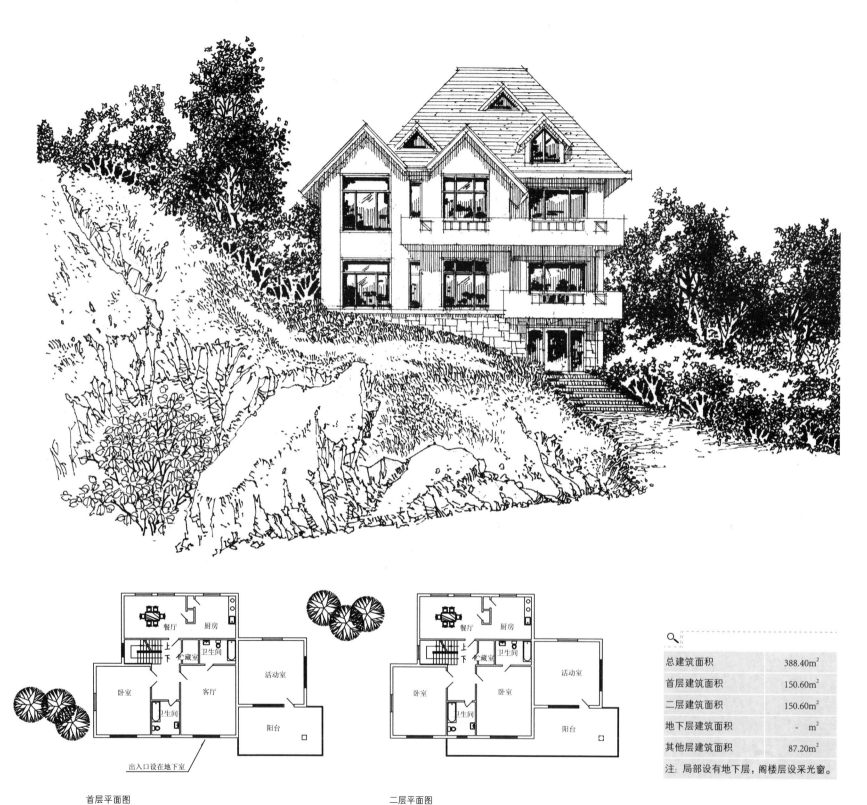

总建筑面积	388.40m²
首层建筑面积	150.60m²
二层建筑面积	150.60m²
地下层建筑面积	- m²
其他层建筑面积	87.20m²

注：局部设有地下层，阁楼层设采光窗。

出入口设在地下室

首层平面图

二层平面图

总建筑面积	464.00m²
首层建筑面积	210.00m²
二层建筑面积	165.00m²
地下层建筑面积	- m²
其他层建筑面积	89.00m²

注：设有塔楼、车库，阁楼层设采光窗。

首层平面图

二层平面图

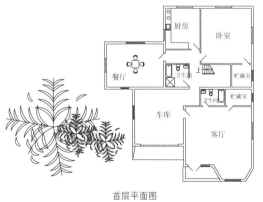

首层平面图

二层平面图

总建筑面积	314.90m²
首层建筑面积	112.60m²
二层建筑面积	112.60m²
地下层建筑面积	- m²
其他层建筑面积	89.70m²

注：设有车库，阁楼层设采光窗。

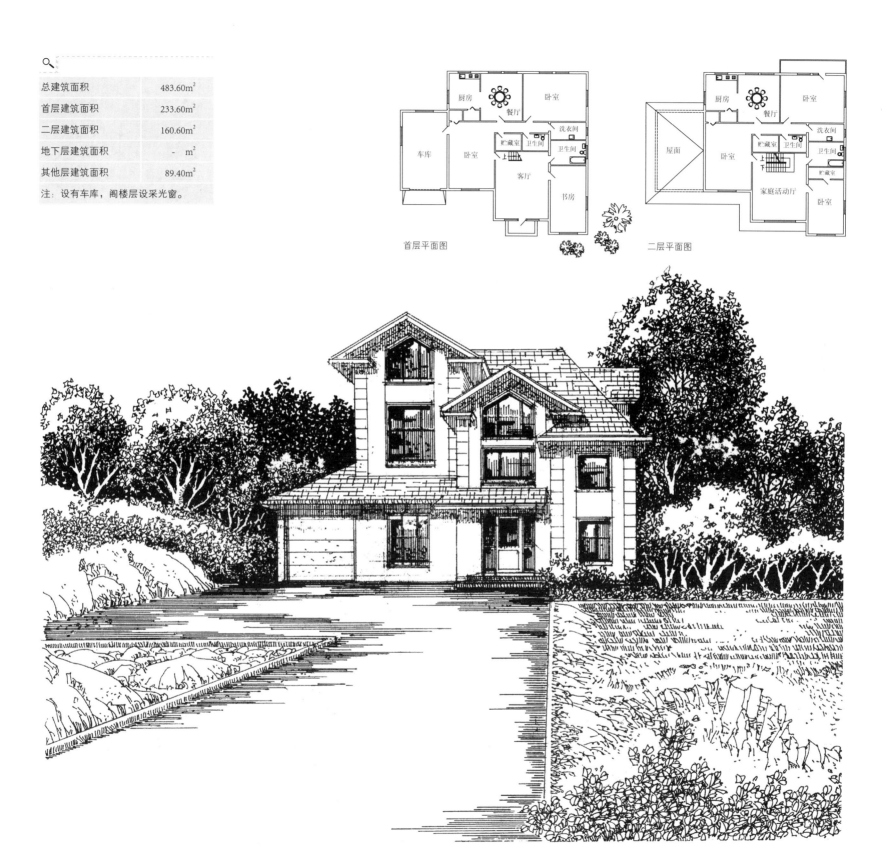

总建筑面积	483.60m²
首层建筑面积	233.60m²
二层建筑面积	160.60m²
地下层建筑面积	－ m²
其他层建筑面积	89.40m²

注：设有车库，阁楼层设采光窗。

厨房　餐厅　卧室
车库　卧室　洗衣间
贮藏室　卫生间　卫生间
客厅　书房

首层平面图

厨房　餐厅　卧室
屋面　卧室　洗衣间
贮藏室　卫生间　卫生间
贮藏室
家庭活动厅　卧室

二层平面图

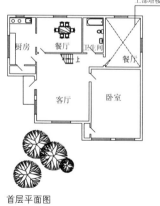

上部塔楼

厨房　餐厅　卫生间

餐厅

客厅　卧室

首层平面图

厨房　餐厅　卫生间　卧室

厅　屋面

二层平面图

总建筑面积	325.80m²
首层建筑面积	143.00m²
二层建筑面积	112.80m²
地下层建筑面积	－ m²
其他层建筑面积	70.00m²

注：设有塔楼、车库，阁楼层设采光窗。

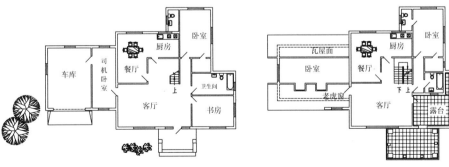

首层平面图

二层平面图

总建筑面积	361.60m²
首层建筑面积	167.00m²
二层建筑面积	102.60m²
地下层建筑面积	-　m²
其他层建筑面积	92.00m²

注：设有车库，阁楼层设采光窗。

首层平面图

二层平面图

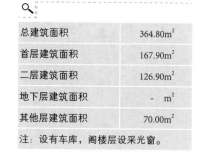

总建筑面积	364.80m²
首层建筑面积	167.90m²
二层建筑面积	126.90m²
地下层建筑面积	- m²
其他层建筑面积	70.00m²

注：设有车库，阁楼层设采光窗。

首层平面图

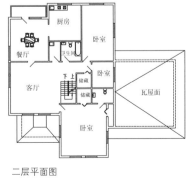

二层平面图

总建筑面积	455.20m²
首层建筑面积	210.00m²
二层建筑面积	155.00m²
地下层建筑面积	- m²
其他层建筑面积	90.20m²

注：阁楼层设采光窗。

餐厅　卧室　厨房　卫生间　卧室　客厅　书房　车库　卧室　卧室

首层平面图

餐厅　卧室　厨房　卫生间　客厅　瓦屋面　书房　卧室　卧室　瓦屋面　阳台

二层平面图

总建筑面积	378.90m²
首层建筑面积	151.60m²
二层建筑面积	139.40m²
地下层建筑面积	－ m²
其他层建筑面积	87.90m²

注: 设有车库, 阁楼层设采光窗。

首层平面图

二层平面图

总建筑面积	435.20m²
首层建筑面积	189.00m²
二层建筑面积	146.40m²
地下层建筑面积	- m²
其他层建筑面积	99.80m²

注：阁楼层设采光窗。

首层平面图

二层平面图

总建筑面积	402.00m²
首层建筑面积	158.00m²
二层建筑面积	158.00m²
地下层建筑面积	- m²
其他层建筑面积	86.00m²

注：设有塔楼、车库，阁楼层设采光窗。

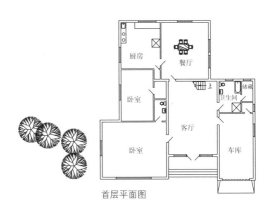

首层平面图

二层平面图

总建筑面积	484.50m²
首层建筑面积	238.20m²
二层建筑面积	159.00m²
地下层建筑面积	— m²
其他层建筑面积	87.30m²

注：设有车库，阁楼层设采光窗。

首层平面图

二层平面图

总建筑面积	418.20m²
首层建筑面积	170.00m²
二层建筑面积	158.00m²
地下层建筑面积	－ m²
其他层建筑面积	90.20m²

注：阁楼层设采光窗。

总建筑面积	370.00m²
首层建筑面积	150.00m²
二层建筑面积	136.00m²
地下层建筑面积	- m²
其他层建筑面积	84.00m²

注：阁楼层设采光窗。

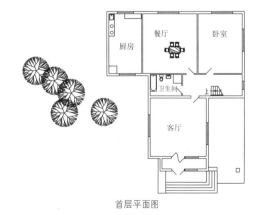

首层平面图

二层平面图

首层平面图

二层平面图

总建筑面积	564.30m²
首层建筑面积	240.20m²
二层建筑面积	214.10m²
地下层建筑面积	— m²
其他层建筑面积	110.00m²

注：设有塔楼、车库，阁楼层设采光窗。

车库　厨房　餐厅

卫生间　上　卫生间

卧室　客厅　卧室

平台　厨房　餐厅

卫生间　上下　卫生间

卧室　卧室　家庭活动室

上部塔楼

首层平面图

二层平面图

总建筑面积	366.10m²
首层建筑面积	164.20m²
二层建筑面积	123.00m²
地下层建筑面积	－ m²
其他层建筑面积	78.90m²

注：阁楼层设采光窗。

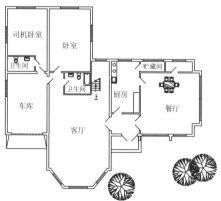

首层平面图

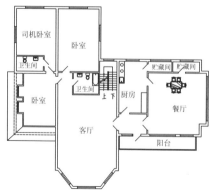

二层平面图

总建筑面积	545.50m²
首层建筑面积	210.10m²
二层建筑面积	195.10m²
地下层建筑面积	- m²
其他层建筑面积	140.30m²

注：设有车库，阁楼层设采光窗。

卧室
车库
卫生间
客厅
厨房
上
餐厅

首层平面图

卧室
瓦屋面
卫生间
下 上
客厅
瓦屋面
瓦屋面
卧室
卧室

采光老虎窗

二层平面图

总建筑面积	442.00m²
首层建筑面积	182.00m²
二层建筑面积	148.00m²
地下层建筑面积	- m²
其他层建筑面积	112.00m²

注：设有车库，阁楼层设采光窗。

首层平面图

二层平面图

总建筑面积	336.00m²
首层建筑面积	124.80m²
二层建筑面积	124.80m²
地下层建筑面积	－ m²
其他层建筑面积	86.40m²

注：设有车库，阁楼层设采光窗。

首层平面图

二层平面图

总建筑面积	279.50m²
首层建筑面积	110.20m²
二层建筑面积	96.30m²
地下层建筑面积	- m²
其他层建筑面积	73.00m²

注：阁楼层设采光窗。

首层平面图

二层平面图

书房
卫生间
厨房
餐厅
上 下
车库
卧室
卧室
客厅

采光井
厨房
卫生间
书房
餐厅
上
卧室
卧室
客厅

总建筑面积	411.80m²
首层建筑面积	162.50m²
二层建筑面积	122.80m²
地下层建筑面积	126.50m²
其他层建筑面积	- m²

注：设有地下层，阁楼层设采光窗。

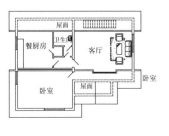

首层平面图　　　二层平面图

总建筑面积	324.90m²
首层建筑面积	132.50m²
二层建筑面积	105.20m²
地下层建筑面积	87.20m²
其他层建筑面积	- m²

注：设有车库，阁楼层设采光窗。

首层平面图　　　　　　　　　　　二层平面图

总建筑面积	291.00m²
首层建筑面积	122.50m²
二层建筑面积	92.50m²
地下层建筑面积	76.00m²
其他层建筑面积	- m²

注：设有车库，阁楼层设采光窗。

首层平面图

二层平面图

总建筑面积	572.10m²
首层建筑面积	201.20m²
二层建筑面积	146.90m²
地下层建筑面积	77.10m²
其他层建筑面积	146.90m²

注: 设有车库, 阁楼层设采光窗。

45

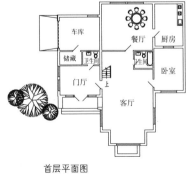

首层平面图

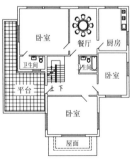

二层平面图

总建筑面积	352.40m²
首层建筑面积	150.40m²
二层建筑面积	127.00m²
地下层建筑面积	75.00m²
其他层建筑面积	- m²

注：设有车库，阁楼层设采光窗。

首层平面图

二层平面图

总建筑面积	389.40m²
首层建筑面积	167.20m²
二层建筑面积	132.20m²
地下层建筑面积	90.00m²
其他层建筑面积	- m²

注：阁楼层设采光窗。

首层平面图

二层平面图

总建筑面积	391.00m²
首层建筑面积	160.60m²
二层建筑面积	146.60m²
地下层建筑面积	83.80m²
其他层建筑面积	- m²

注：设有车库，阁楼层设采光窗。

首层平面图	二层平面图	

首层平面图 中文字：卧室、餐厅、厨房、卧室、卫生间、客厅、车库、卧室、上

二层平面图 中文字：卧室、餐厅、厨房、瓦屋面、卧室、卫生间、厅、卧室、上下、瓦屋面、老虎窗

总建筑面积	478.20m²
首层建筑面积	240.20m²
二层建筑面积	190.00m²
地下层建筑面积	48.00m²
其他层建筑面积	- m²

注：设有车库，阁楼层设采光窗。

首层平面图

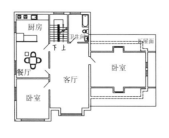

二层平面图

总建筑面积	312.00m²
首层建筑面积	142.00m²
二层建筑面积	98.00m²
地下层建筑面积	- m²
其他层建筑面积	72.00m²

注：设有塔楼、车库，阁楼层设采光窗。

首层平面图

二层平面图

总建筑面积	362.90m²
首层建筑面积	152.00m²
二层建筑面积	132.20m²
地下层建筑面积	- m²
其他层建筑面积	78.70m²

注：设有车库，阁楼层设采光窗。

首层平面图

二层平面图

总建筑面积	348.60m²
首层建筑面积	130.80m²
二层建筑面积	130.80m²
地下层建筑面积	- m²
其他层建筑面积	87.00m²

注：设有车库，阁楼层设采光窗。

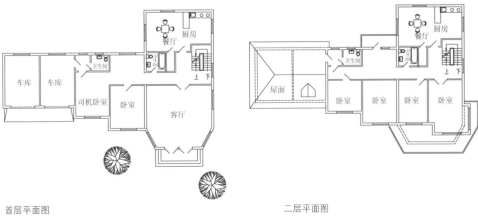

首层平面图　　　　　　　　二层平面图

总建筑面积	396.90m²
首层建筑面积	217.50m²
二层建筑面积	179.40m²
地下层建筑面积	- m²
其他层建筑面积	- m²

注：设有车库，阁楼层设采光窗。

首层平面图　　　　　　　　二层平面图

总建筑面积	462.00m²
首层建筑面积	195.00m²
二层建筑面积	195.00m²
地下层建筑面积	- m²
其他层建筑面积	72.00m²

注: 设有塔楼, 阁楼层设采光窗。

首层平面图

二层平面图

总建筑面积	359.30m²
首层建筑面积	156.90m²
二层建筑面积	137.40m²
地下层建筑面积	- m²
其他层建筑面积	65.00m²

注：设有车库，阁楼层设采光窗。

总建筑面积	418.20m²
首层建筑面积	195.60m²
二层建筑面积	164.60m²
地下层建筑面积	- m²
其他层建筑面积	58.00m²

注: 设有车库, 阁楼层设采光窗。

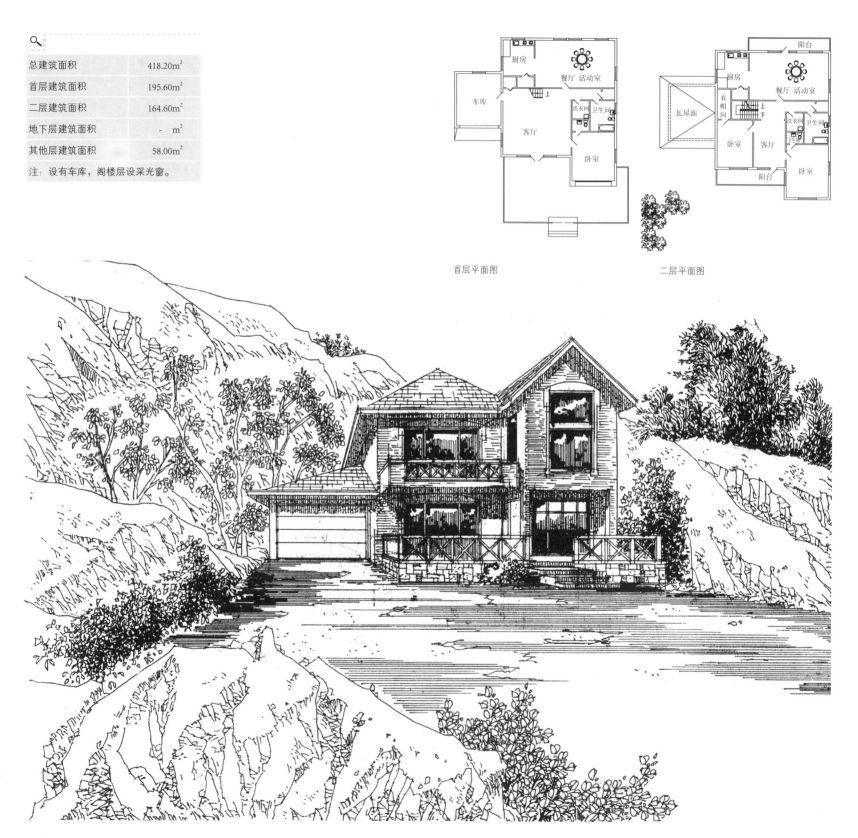

首层平面图   二层平面图

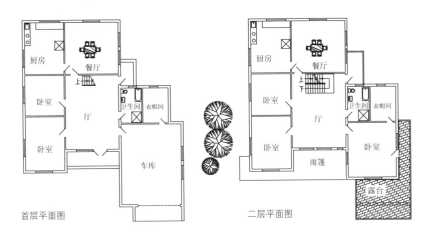

首层平面图　　　　　　　　　　二层平面图

总建筑面积	473.50m²
首层建筑面积	205.50m²
二层建筑面积	172.00m²
地下层建筑面积	- m²
其他层建筑面积	96.00m²

注：设有车库，阁楼层设采光窗。

厨房
餐厅
卧室
客厅
门厅
卫生间
车库
平台

首层平面图

厨房
餐厅
卧室
卧室
上下
客厅
卫生间
卧室
瓦屋面

二层平面图

总建筑面积	365.20m²
首层建筑面积	155.00m²
二层建筑面积	124.00m²
地下层建筑面积	- m²
其他层建筑面积	86.20m²

注：设有车库，阁楼层设采光窗。

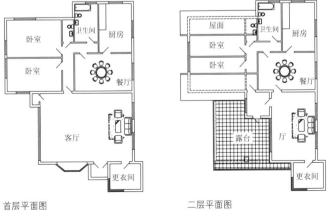

首层平面图　　　　　　　　二层平面图

总建筑面积	408.10m²
首层建筑面积	183.00m²
二层建筑面积	148.00m²
地下层建筑面积	- m²
其他层建筑面积	77.10m²

注：设有塔楼，阁楼层设采光窗。

首层平面图   二层平面图

总建筑面积	358.40m²
首层建筑面积	156.00m²
二层建筑面积	124.00m²
地下层建筑面积	－ m²
其他层建筑面积	78.40m²

注: 设有塔楼、车库, 阁楼层设采光窗。

首层平面图

二层平面图

总建筑面积	439.60m²
首层建筑面积	210.00m²
二层建筑面积	164.60m²
地下层建筑面积	- m²
其他层建筑面积	65.00m²

注：设有车库，阁楼层设采光窗。

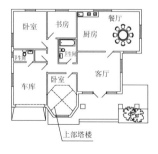

首层平面图

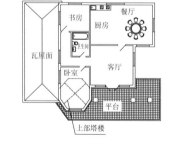

二层平面图

总建筑面积	257.00m²
首层建筑面积	117.00m²
二层建筑面积	82.00m²
地下层建筑面积	- m²
其他层建筑面积	58.00m²

注：设有车库，阁楼层设采光窗。

总建筑面积	408.20m²
首层建筑面积	184.60m²
二层建筑面积	167.60m²
地下层建筑面积	- m²
其他层建筑面积	56.00m²

注: 设有塔楼、车库, 阁楼层设采光窗。

首层平面图

二层平面图

首层平面图

二层平面图

总建筑面积	537.00m²
首层建筑面积	258.00m²
二层建筑面积	233.00m²
地下层建筑面积	- m²
其他层建筑面积	46.00m²

注：设有车库，阁楼层设采光窗。

首层平面图　　　　　　二层平面图

总建筑面积	332.00m²
首层建筑面积	143.00m²
二层建筑面积	121.00m²
地下层建筑面积	-　m²
其他层建筑面积	68.00m²

注：设有车库，阁楼层设采光窗。

厨房　餐厅　卧室

卫生间

客厅

上

卧室　上部塔楼

首层平面图

厨房　餐厅　卧室

屋面

卧室　卫生间

下上

屋面

卧室

二层平面图

总建筑面积	383.60m²
首层建筑面积	180.60m²
二层建筑面积	168.00m²
地下层建筑面积	-　m²
其他层建筑面积	35.00m²

注：设有塔楼、车库，阁楼层设采光窗。

首层平面图

二层平面图

总建筑面积	519.00m²
首层建筑面积	166.00m²
二层建筑面积	166.00m²
地下层建筑面积	- m²
其他层建筑面积	187.00m²

注：设有塔楼，阁楼层设采光窗。

总建筑面积	365.40m²
首层建筑面积	168.70m²
二层建筑面积	126.70m²
地下层建筑面积	- m²
其他层建筑面积	70.00m²

注：阁楼层设采光窗。

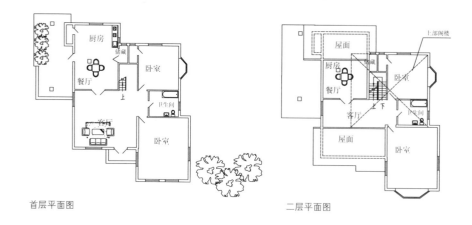

首层平面图　　　　　　　二层平面图

总建筑面积	425.20m²
首层建筑面积	163.60m²
二层建筑面积	- m²
地下层建筑面积	163.60m²
其他层建筑面积	98.00m²

注：阁楼层设采光窗。

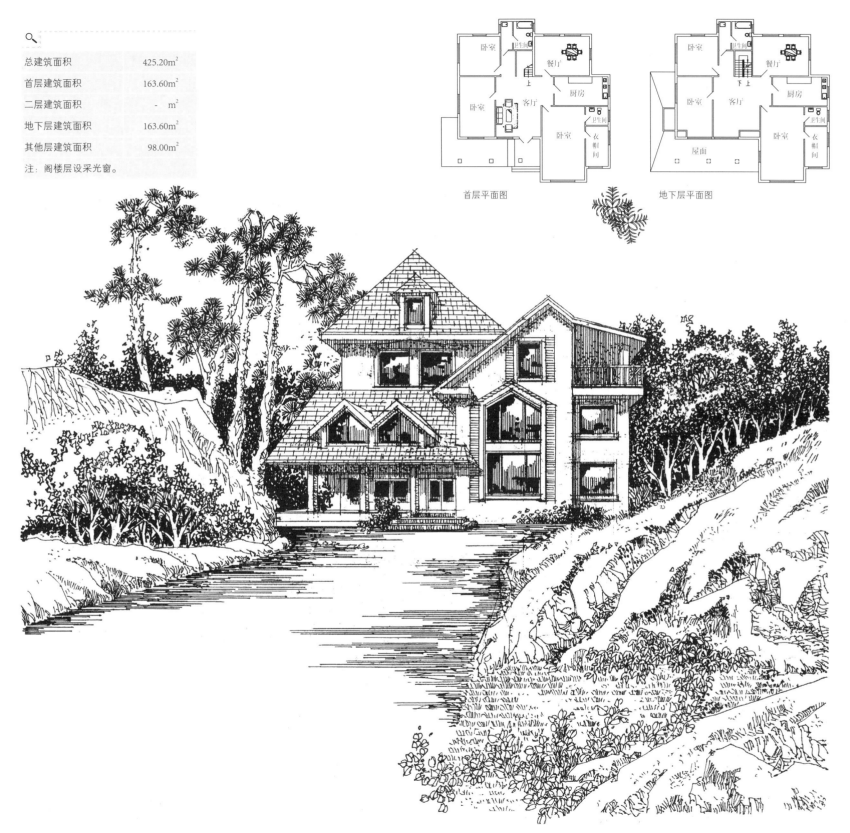

首层平面图

地下层平面图

首层平面图

二层平面图

总建筑面积	381.60m²
首层建筑面积	146.80m²
二层建筑面积	146.80m²
地下层建筑面积	- m²
其他层建筑面积	88.00m²

注：设有塔楼，阁楼层设采光窗。

首层平面图　　　　二层平面图

总建筑面积	297.50m²
首层建筑面积	134.60m²
二层建筑面积	104.90m²
地下层建筑面积	- m²
其他层建筑面积	58.00m²

注：设有车库，阁楼层设采光窗。

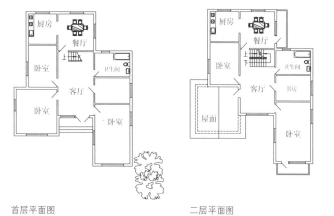

首层平面图　　　　　二层平面图

总建筑面积	347.90m²
首层建筑面积	145.00m²
二层建筑面积	124.90m²
地下层建筑面积	— m²
其他层建筑面积	78.00m²

注：设有车库，阁楼层设采光窗。

卧室　书房　厨房
卫生间　贮藏　餐厅
上
卧室　客厅　卧室

首层平面图

卧室　书房　厨房
卫生间　贮藏　餐厅
客厅　上
卧室　厨房
平台

二层平面图

总建筑面积	475.30m²
首层建筑面积	210.00m²
二层建筑面积	178.00m²
地下层建筑面积	- m²
其他层建筑面积	87.30m²

注：阁楼层设采光窗。

首层平面图

二层平面图

总建筑面积	381.20m²
首层建筑面积	159.40m²
二层建筑面积	122.00m²
地下层建筑面积	- m²
其他层建筑面积	99.80m²

注：设有塔楼，阁楼层设采光窗。

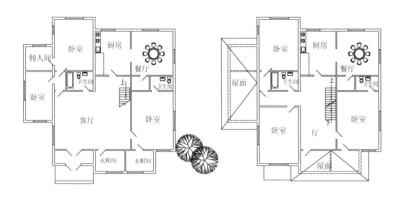

首层平面图　　　　　　　　　　二层平面图

总建筑面积	519.00m²
首层建筑面积	242.00m²
二层建筑面积	202.00m²
地下层建筑面积	- m²
其他层建筑面积	75.00m²

注：局部设地下层，阁楼层设采光窗。

总建筑面积	430.60m²
首层建筑面积	190.80m²
二层建筑面积	173.80m²
地下层建筑面积	- m²
其他层建筑面积	66.00m²

注：设有塔楼、车库，阁楼层设采光窗。

首层平面图　　　　　　二层平面图

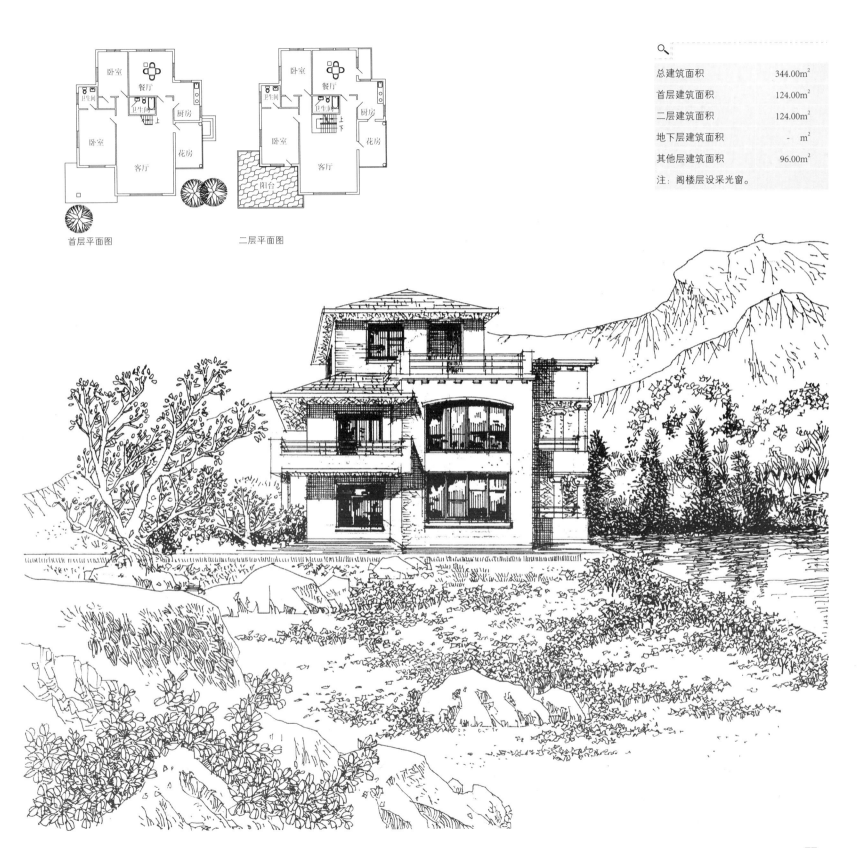

卧室　餐厅　厨房
卫生间　卫生间　上　花房
卧室　客厅

首层平面图

卧室　餐厅　厨房
卫生间　卫生间　上下　花房
卧室　客厅　阳台

二层平面图

总建筑面积	344.00m²
首层建筑面积	124.00m²
二层建筑面积	124.00m²
地下层建筑面积	－ m²
其他层建筑面积	96.00m²

注：阁楼层设采光窗。

首层平面图

二层平面图

总建筑面积	418.80m²
首层建筑面积	166.40m²
二层建筑面积	166.40m²
地下层建筑面积	— m²
其他层建筑面积	86.00m²

注：设有车库，阁楼层设采光窗。

首层平面图

二层平面图

总建筑面积	266.00m²
首层建筑面积	124.00m²
二层建筑面积	108.00m²
地下层建筑面积	- m²
其他层建筑面积	34.00m²

注: 设有塔楼、车库, 阁楼层设采光窗。

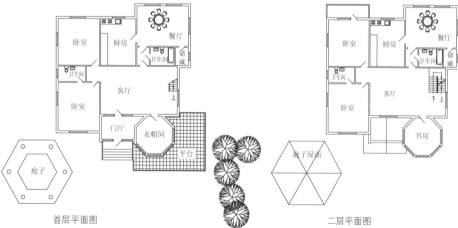

首层平面图

卧室　厨房　餐厅　卫生间　储藏　卫生间　客厅　门厅　衣帽间　平台　卧室

庭子

二层平面图

卧室　厨房　餐厅　卫生间　储藏　卫生间　客厅　卧室　书房

庭子屋面

总建筑面积	511.60m²
首层建筑面积	203.60m²
二层建筑面积	198.00m²
地下层建筑面积	- m²
其他层建筑面积	110.00m²

注：设有塔楼，局部地下室，阁楼层设
采光窗。

总建筑面积	378.90m²
首层建筑面积	171.00m²
二层建筑面积	131.90m²
地下层建筑面积	- m²
其他层建筑面积	76.00m²

注：阁楼层设采光窗。

首层平面图

二层平面图

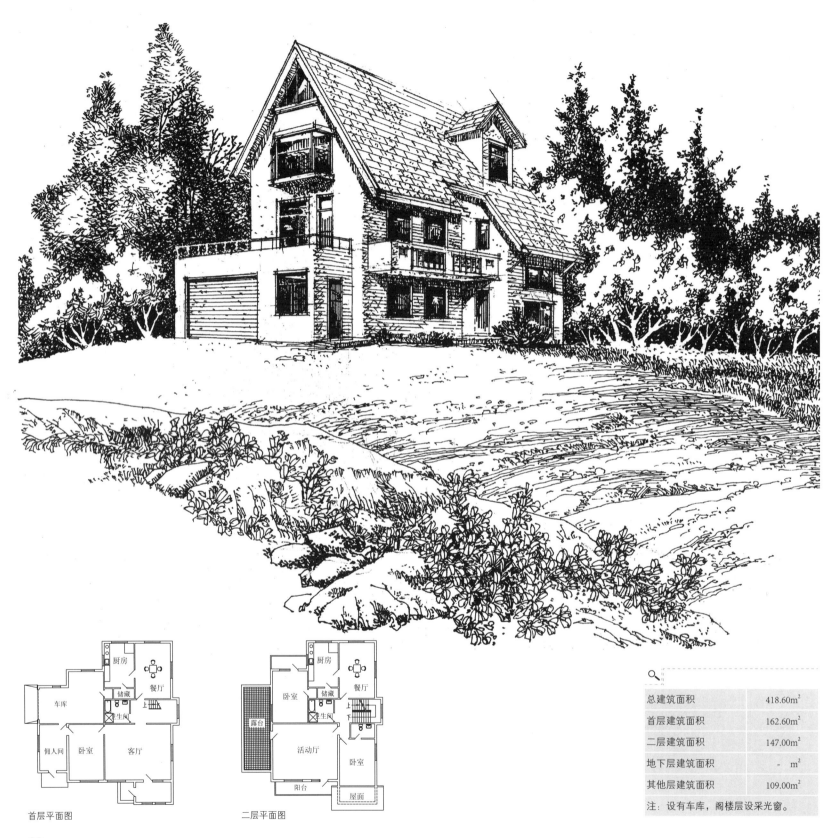

首层平面图

二层平面图

总建筑面积	418.60m²
首层建筑面积	162.60m²
二层建筑面积	147.00m²
地下层建筑面积	- m²
其他层建筑面积	109.00m²

注：设有车库，阁楼层设采光窗。

总建筑面积	375.20m²
首层建筑面积	180.60m²
二层建筑面积	120.60m²
地下层建筑面积	－ m²
其他层建筑面积	74.00m²

注：地下层有车库，阁楼层设采光窗。

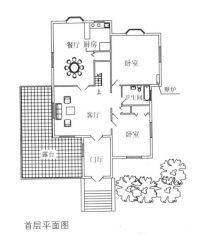

首层平面图

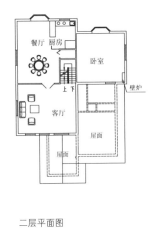

二层平面图

首层平面图   二层平面图

总建筑面积	312.20m²
首层建筑面积	138.00m²
二层建筑面积	120.00m²
地下层建筑面积	- m²
其他层建筑面积	54.20m²

注：设有车库，阁楼层设采光窗。

总建筑面积	393.80m²
首层建筑面积	194.60m²
二层建筑面积	151.70m²
地下层建筑面积	- m²
其他层建筑面积	47.50m²

注：设有车库，阁楼层设采光窗。

首层平面图

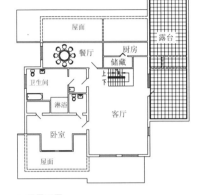

二层平面图

首层平面图 半地下层平面图

总建筑面积	366.80m²
首层建筑面积	154.60m²
二层建筑面积	154.70m²
半地下层建筑面积	- m²
其他层建筑面积	57.50m²

注：设有半地下层，阁楼层设采光窗。

总建筑面积	488.50m²
首层建筑面积	237.00m²
二层建筑面积	195.50m²
地下层建筑面积	- m²
其他层建筑面积	56.00m²

注：设有塔楼，阁楼层设采光窗。

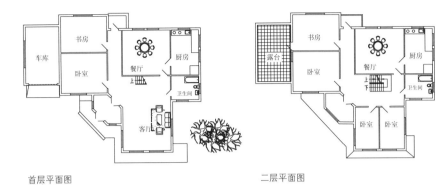

首层平面图   二层平面图

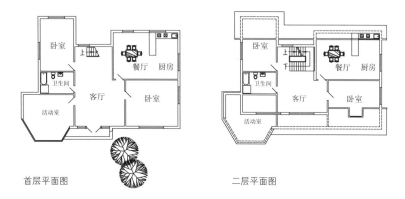

首层平面图　　　　　　　二层平面图

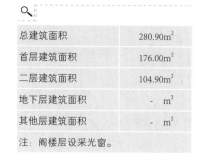

总建筑面积	280.90m²
首层建筑面积	176.00m²
二层建筑面积	104.90m²
地下层建筑面积	- m²
其他层建筑面积	- m²

注：阁楼层设采光窗。

总建筑面积	464.80m²
首层建筑面积	212.00m²
二层建筑面积	196.00m²
地下层建筑面积	－ m²
其他层建筑面积	56.80m²

注：阁楼层设采光窗。

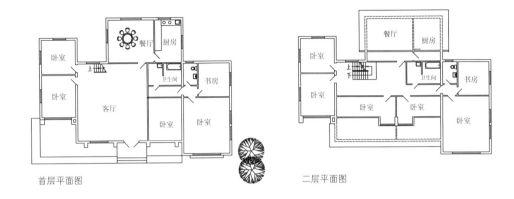

首层平面图　　　　　　　　二层平面图

厨房

餐厅

卫生间

卧室

露台

客厅

壁炉

首层平面图

厨房

餐厅

卫生间

下 上

卧室

卧室

二层平面图

总建筑面积	335.80m²
首层建筑面积	158.00m²
二层建筑面积	102.00m²
地下层建筑面积	- m²
其他层建筑面积	75.80m²

注：设有局部地下层，阁楼层设采光窗。

首层平面图

二层平面图

总建筑面积	508.00m²
首层建筑面积	211.00m²
二层建筑面积	211.00m²
地下层建筑面积	- m²
其他层建筑面积	86.00m²

注：设有地下层，阁楼层设采光窗。

首层平面图

二层平面图

总建筑面积	317.40m²
首层建筑面积	159.40m²
二层建筑面积	98.00m²
地下层建筑面积	- m²
其他层建筑面积	60.00m²

注：设有车库，阁楼层设采光窗。

首层平面图

餐厅　厨房
上
卫生间
客厅　卧室
车库

二层平面图

卧室　卧室
上下
卫生间　露台
露台　卧室

总建筑面积	254.60m²
首层建筑面积	156.60m²
二层建筑面积	98.00m²
地下层建筑面积	- m²
其他层建筑面积	- m²

注：设有车库，阁楼层设采光窗。

卧室　贮藏　餐厅　厨房　卫生间　客厅　车库

首层平面图

卧室　餐厅　厨房　卫生间　客厅　露台

二层平面图

总建筑面积	467.20m²
首层建筑面积	210.80m²
二层建筑面积	168.80m²
地下层建筑面积	- m²
其他层建筑面积	87.60m²

注：有车库，阁楼层设采光窗。

首层平面图

卧室　卫生间　餐厅　储藏　客厅　卧室　平台

二层平面图

卧室　卫生间　卧室　小厅　厨餐　卧室　屋面

总建筑面积	301.50m²
首层建筑面积	166.50m²
二层建筑面积	135.00m²
地下层建筑面积	- m²
其他层建筑面积	- m²

首层平面图

卧室 卫生间 餐厅 厨房 上 客厅 卧室 卧室

二层平面图

卧室 卫生间 餐厅 厨房 厅 上 下 卧室 屋面 卧室 屋面

总建筑面积	396.50m²
首层建筑面积	157.50m²
二层建筑面积	137.00m²
地下层建筑面积	— m²
其他层建筑面积	102.00m²

注：阁楼层设采光窗。

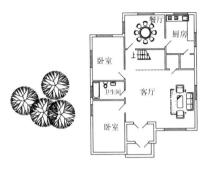

首层平面图

二层平面图

总建筑面积	352.40m²
首层建筑面积	146.60m²
二层建筑面积	140.60m²
地下层建筑面积	- m²
其他层建筑面积	65.20m²

注：阁楼层设采光窗。

首层平面图

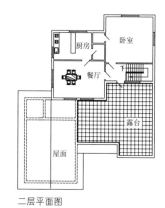

二层平面图

总建筑面积	478.00m²
首层建筑面积	213.00m²
二层建筑面积	213.00m²
地下层建筑面积	- m²
其他层建筑面积	52.00m²

注：设有地下层，阁楼层设采光窗。

首层平面图

二层平面图

总建筑面积	458.60m²
首层建筑面积	179.40m²
二层建筑面积	- m²
地下层建筑面积	179.40m²
其他层建筑面积	99.80m²

注：设有车库，阁楼层设采光窗。

总建筑面积	468.00m²
首层建筑面积	198.00m²
二层建筑面积	198.00m²
地下层建筑面积	- m²
其他层建筑面积	72.00m²

注：阁楼层设采光窗。

厨房　餐厅　卧室　储藏　卫生间　上　卧室　客厅

首层平面图

厨房　餐厅　卧室　储藏　卫生间　下　卧室　书房　客厅

二层平面图

首层平面图

二层平面图

总建筑面积	381.90m²
首层建筑面积	167.90m²
二层建筑面积	146.00m²
地下层建筑面积	－ m²
其他层建筑面积	68.00m²

注：设有车库，阁楼层设采光窗。

厨房　书房　餐厅　上　卫生间　客厅　车库　卧室

屋面　书房　厨房　餐厅　上下　卧室　卫生间　厅　卧室　卧室　屋面

卧室　厨房　餐厅
卫生间
客厅　车库
卧室

首层平面图

卧室　厨房　餐厅
卧室
卫生间　厅　露台
卧室

二层平面图

总建筑面积	575.00m²
首层建筑面积	234.00m²
二层建筑面积	196.00m²
地下层建筑面积	－ m²
其他层建筑面积	145.00m²

注：设有车库，阁楼层设采光窗。

首层平面图

二层平面图

总建筑面积	393.00m²
首层建筑面积	156.00m²
二层建筑面积	151.00m²
地下层建筑面积	- m²
其他层建筑面积	86.00m²

注：设有塔楼，阁楼层设采光窗。

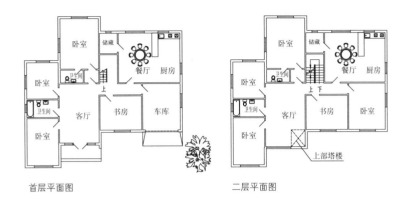

首层平面图　　　　　二层平面图

总建筑面积	378.20m²
首层建筑面积	168.00m²
二层建筑面积	168.00m²
地下层建筑面积	－ m²
其他层建筑面积	42.20m²

注：设有塔楼、车库，阁楼层设采光窗。

首层平面图

二层平面图

总建筑面积	364.00m²
首层建筑面积	152.00m²
二层建筑面积	134.00m²
地下层建筑面积	- m²
其他层建筑面积	78.00m²

注：设有塔楼，阁楼层设采光窗。

首层平面图　　　　　　　二层平面图

总建筑面积	376.20m²
首层建筑面积	134.00m²
二层建筑面积	130.00m²
地下层建筑面积	- m²
其他层建筑面积	112.20m²

注：阁楼层设采光窗。

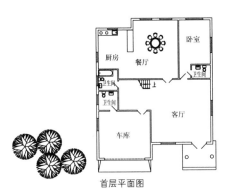

首层平面图

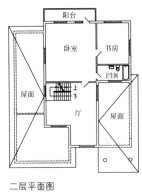

二层平面图

总建筑面积	394.40m²
首层建筑面积	212.00m²
二层建筑面积	117.40m²
地下层建筑面积	- m²
其他层建筑面积	65.00m²

注：设有车库，阁楼层设采光窗。

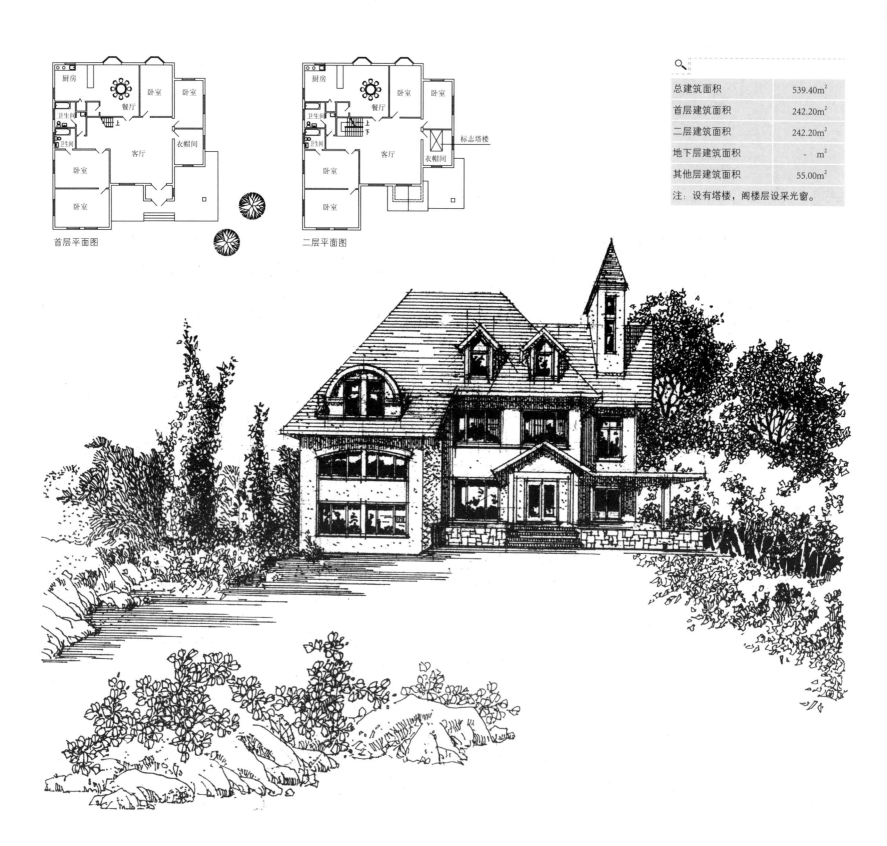

首层平面图

厨房 卧室 卧室
卫生间 餐厅
卫生间 衣帽间
卧室 客厅
卧室

二层平面图

厨房 卧室 卧室
卫生间 餐厅
卫生间 标志塔楼
卧室 客厅 衣帽间
卧室

总建筑面积	539.40m²
首层建筑面积	242.20m²
二层建筑面积	242.20m²
地下层建筑面积	- m²
其他层建筑面积	55.00m²

注：设有塔楼，阁楼层设采光窗。

首层平面图　　　　　半地下层平面图

总建筑面积	472.80m²
首层建筑面积	148.00m²
二层建筑面积	138.00m²
半地下层建筑面积	108.00m²
其他层建筑面积	78.80m²

注: 设有地下层、车库, 阁楼层设采光窗。

首层平面图

二层平面图

总建筑面积	341.90m²
首层建筑面积	144.40m²
二层建筑面积	108.00m²
地下层建筑面积	- m²
其他层建筑面积	89.50m²

注：阁楼层设采光窗。

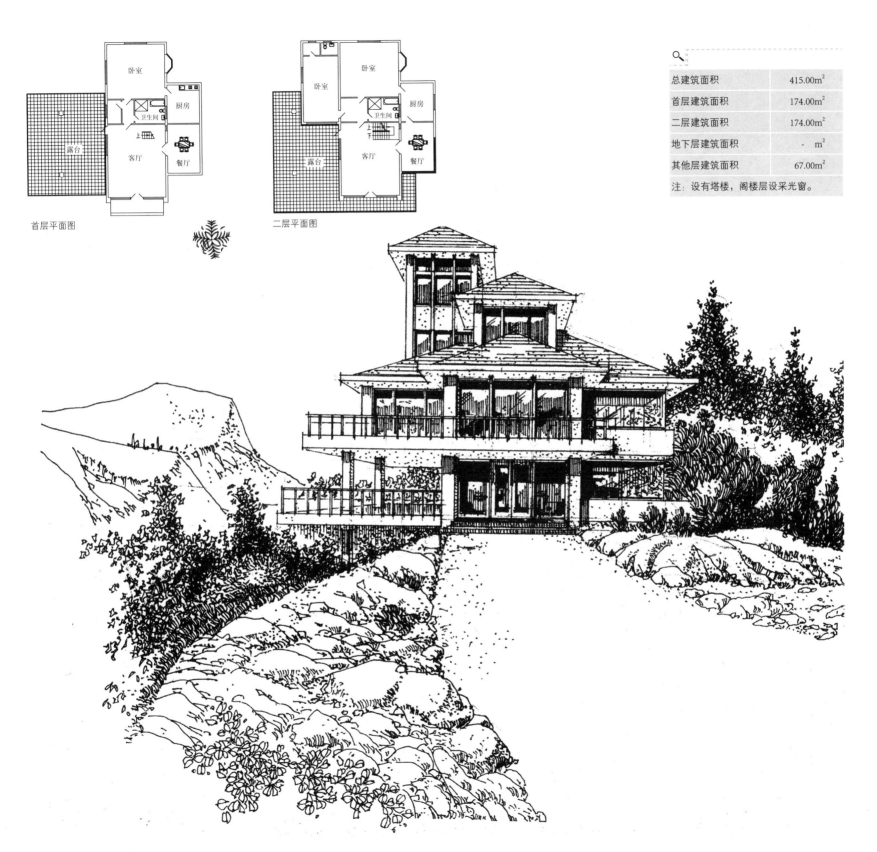

卧室

厨房

卫生间

上

客厅 餐厅

露台

首层平面图

卧室

卧室

卫生间

厨房

上 下

客厅 餐厅

露台

二层平面图

总建筑面积	415.00m²
首层建筑面积	174.00m²
二层建筑面积	174.00m²
地下层建筑面积	- m²
其他层建筑面积	67.00m²

注: 设有塔楼, 阁楼层设采光窗。

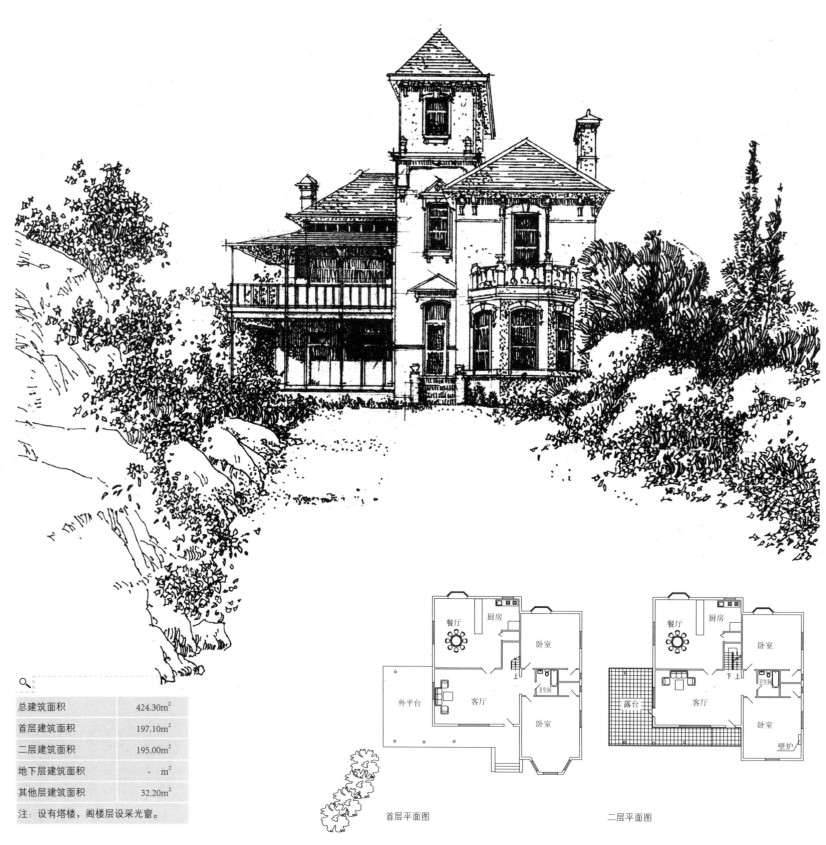

总建筑面积	424.30m²
首层建筑面积	197.10m²
二层建筑面积	195.00m²
地下层建筑面积	- m²
其他层建筑面积	32.20m²

注：设有塔楼，阁楼层设采光窗。

餐厅　厨房
卧室
外平台　客厅　卫生间
卧室

首层平面图

餐厅　厨房
卧室
露台　客厅　卫生间
卧室
壁炉

二层平面图

餐厅 厨房 卧室 卫生间 卫生间
外平台 客厅 卧室
壁炉

首层平面图

餐厅 厨房 卧室 下上 卫生间 卫生间
客厅 卧室

二层平面图

总建筑面积	431.30m²
首层建筑面积	194.00m²
二层建筑面积	191.30m²
地下层建筑面积	- m²
其他层建筑面积	46.00m²

注：阁楼层设采光窗。

首层平面图

二层平面图

总建筑面积	503.90m²
首层建筑面积	202.50m²
二层建筑面积	207.60m²
地下层建筑面积	- m²
其他层建筑面积	93.80m²

注：设有车库，阁楼层设采光窗。

厨房　卧室　卧室　餐厅　卫生间　上　车库　客厅

首层平面图

厨房　卧室　卧室　上部塔楼　餐厅　下　上　卫生间　露台　卧室

二层平面图

总建筑面积	399.50m²
首层建筑面积	172.00m²
二层建筑面积	152.50m²
地下层建筑面积	- m²
其他层建筑面积	75.00m²

注：设有车库，阁楼层设采光窗。

采光井

总建筑面积	406.40m²
首层建筑面积	162.00m²
二层建筑面积	- m²
地下层建筑面积	162.00m²
其他层建筑面积	82.40m²

注：阁楼层设采光窗。

厨房 餐厅 卧室
卫生间 上下
卫生间
客厅 卧室

首层平面图

厨房 餐厅 卧室
卫生间 上下
客厅 卧室

地下层平面图

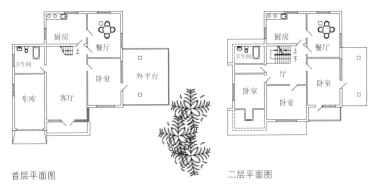

首层平面图

二层平面图

总建筑面积	276.00m²
首层建筑面积	134.00m²
二层建筑面积	104.00m²
地下层建筑面积	- m²
其他层建筑面积	38.00m²

注：设有车库，阁楼层设采光窗。

首层平面图

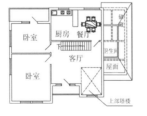

二层平面图

总建筑面积	246.70m²
首层建筑面积	119.70m²
二层建筑面积	102.00m²
地下层建筑面积	- m²
其他层建筑面积	25.00m²

注：设有塔楼，阁楼层设采光窗。

首层平面图

二层平面图

总建筑面积	331.00m²
首层建筑面积	121.00m²
二层建筑面积	121.00m²
地下层建筑面积	- m²
其他层建筑面积	89.00m²

注：阁楼层设采光窗。

首层平面图

二层平面图

总建筑面积	366.20m²
首层建筑面积	183.20m²
二层建筑面积	117.00m²
地下层建筑面积	－ m²
其他层建筑面积	66.00m²

注：设有车库，阁楼层设采光窗。

首层平面图

二层平面图

总建筑面积	309.50m²
首层建筑面积	145.50m²
二层建筑面积	116.00m²
地下层建筑面积	- m²
其他层建筑面积	48.00m²

注：阁楼层设采光窗。

121

首层平面图

二层平面图

总建筑面积	284.60m²
首层建筑面积	161.50m²
二层建筑面积	123.10m²
地下层建筑面积	- m²
其他层建筑面积	- m²

注：设有车库，阁楼层设采光窗。

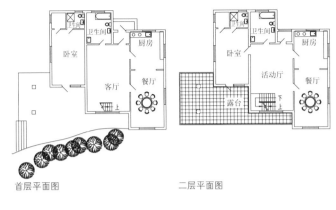

首层平面图　　　　　二层平面图

总建筑面积	383.00m²
首层建筑面积	148.00m²
二层建筑面积	148.00m²
地下层建筑面积	- m²
其他层建筑面积	87.00m²

注：阁楼层设采光窗。

首层平面图

二层平面图

总建筑面积	526.00m²
首层建筑面积	203.00m²
二层建筑面积	203.00m²
地下层建筑面积	- m²
其他层建筑面积	120.00m²

注：阁楼层设采光窗。

首层平面图　　　　二层平面图

总建筑面积	366.60m²
首层建筑面积	148.60m²
二层建筑面积	131.00m²
地下层建筑面积	－ m²
其他层建筑面积	87.00m²

注：设有塔楼、车库，阁楼层设采光窗。

卧室　厨房　餐厅　车库　客厅　屋面　卫生间

首层平面图

二层平面图

总建筑面积	336.40m²
首层建筑面积	156.60m²
二层建筑面积	143.90m²
地下层建筑面积	- m²
其他层建筑面积	35.90m²

注：阁楼层设采光窗。

首层平面图

二层平面图

总建筑面积	472.40m²
首层建筑面积	173.80m²
二层建筑面积	168.60m²
地下层建筑面积	- m²
其他层建筑面积	130.00m²

注：设有塔楼，阁楼层设采光窗。

首层平面图

二层平面图

总建筑面积	488.20m²
首层建筑面积	254.20m²
二层建筑面积	156.00m²
地下层建筑面积	- m²
其他层建筑面积	78.00m²

注：阁楼层设采光窗。

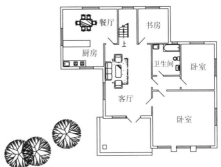

首层平面图

二层平面图

总建筑面积	345.00m²
首层建筑面积	149.50m²
二层建筑面积	149.50m²
地下层建筑面积	- m²
其他层建筑面积	46.00m²

注：阁楼层设采光窗。

首层平面图

地下层平面图

总建筑面积	426.40m²
首层建筑面积	180.30m²
二层建筑面积	157.00m²
地下层建筑面积	89.10m²
其他层建筑面积	- m²

注：设有塔楼及局部地下层，阁楼层设采光窗。

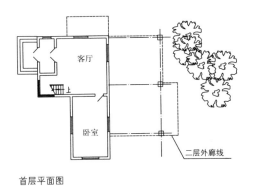

首层平面图

客厅
上
卧室
二层外廊线

二层平面图

储藏
厨房
卫生间
下
上
厅
阳台
卧室

总建筑面积	303.30m²
首层建筑面积	75.70m²
二层建筑面积	133.60m²
地下层建筑面积	－ m²
其他层建筑面积	94.00m²

注：阁楼层设采光窗。

首层平面图

二层平面图

总建筑面积	407.60m²
首层建筑面积	158.00m²
二层建筑面积	131.00m²
地下层建筑面积	118.60m²
其他层建筑面积	- m²

注：设有塔楼、车库，阁楼层设采光窗。

首层平面图　　　　　　　　二层平面图

总建筑面积	320.43m²
首层建筑面积	170.43m²
二层建筑面积	136.00m²
地下层建筑面积	- m²
其他层建筑面积	14.00m²

注：设有塔楼、车库。

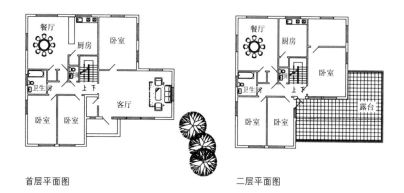

首层平面图

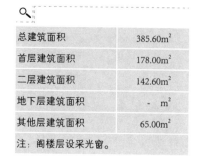

二层平面图

总建筑面积	385.60m²
首层建筑面积	178.00m²
二层建筑面积	142.60m²
地下层建筑面积	－ m²
其他层建筑面积	65.00m²

注：阁楼层设采光窗。

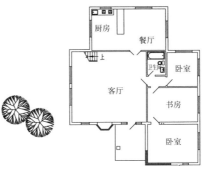

首层平面图

二层平面图

总建筑面积	324.70m²
首层建筑面积	128.70m²
二层建筑面积	103.00m²
地下层建筑面积	- m²
其他层建筑面积	93.00m²

注：阁楼层设采光窗。

首层平面图

二层平面图

总建筑面积	380.80m²
首层建筑面积	146.00m²
二层建筑面积	146.00m²
地下层建筑面积	－ m²
其他层建筑面积	88.80m²

注：阁楼层设采光窗。

总建筑面积	517.00m²
首层建筑面积	215.00m²
二层建筑面积	215.00m²
地下层建筑面积	- m²
其他层建筑面积	87.00m²

首层平面图　　　　　　　　　二层平面图

注：阁楼层设采光窗。

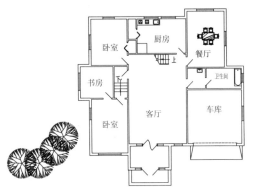

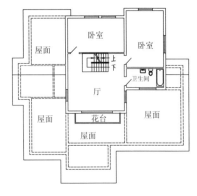

首层平面图　　　　　　　　二层平面图

总建筑面积	424.20m²
首层建筑面积	196.00m²
二层建筑面积	144.00m²
地下层建筑面积	-　m²
其他层建筑面积	84.20m²

注：阁楼层设采光窗。

首层平面图

二层平面图

总建筑面积	371.40m²
首层建筑面积	142.50m²
二层建筑面积	144.90m²
地下层建筑面积	- m²
其他层建筑面积	84.00m²

注：设有塔楼，阁楼层设采光窗。

首层平面图

二层平面图

总建筑面积	467.00m²
首层建筑面积	203.00m²
二层建筑面积	168.00m²
地下层建筑面积	- m²
其他层建筑面积	96.00m²

注：设有塔楼，阁楼层设采光窗。

首层平面图

二层平面图

总建筑面积	462.60m²
首层建筑面积	199.00m²
二层建筑面积	151.60m²
地下层建筑面积	- m²
其他层建筑面积	112.00m²

注：阁楼层设采光窗。

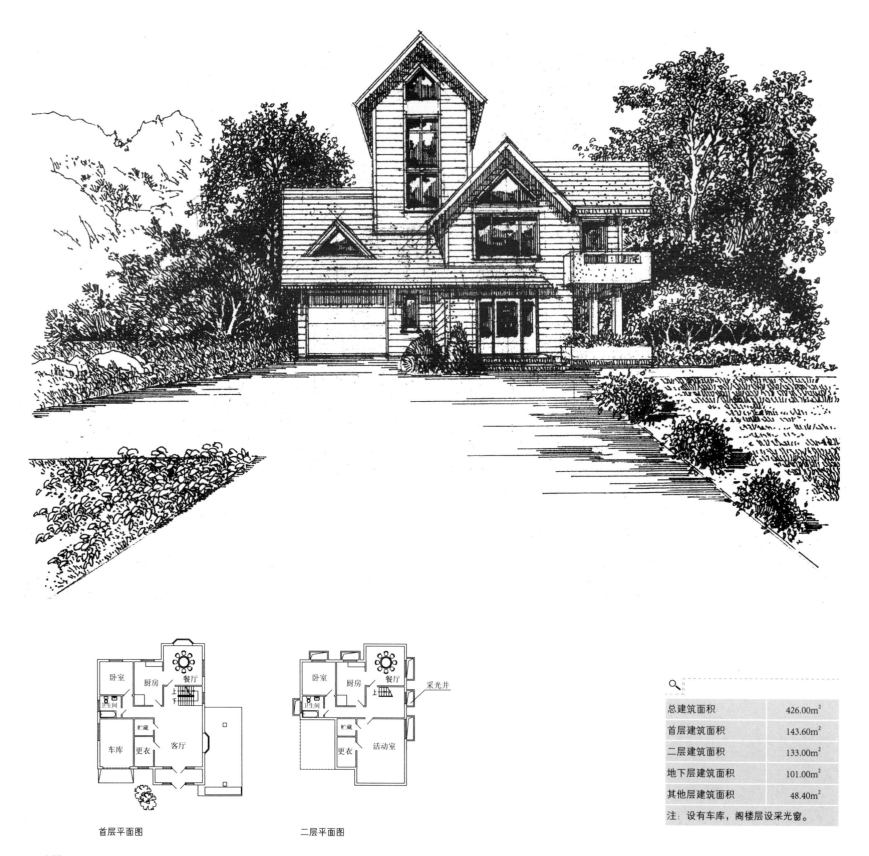

首层平面图

二层平面图

总建筑面积	426.00m²
首层建筑面积	143.60m²
二层建筑面积	133.00m²
地下层建筑面积	101.00m²
其他层建筑面积	48.40m²

注: 设有车库, 阁楼层设采光窗。

总建筑面积	353.50m²
首层建筑面积	163.50m²
二层建筑面积	112.00m²
地下层建筑面积	- m²
其他层建筑面积	78.00m²

注：设有车库，阁楼层设采光窗。

首层平面图

二层平面图

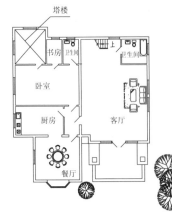

首层平面图

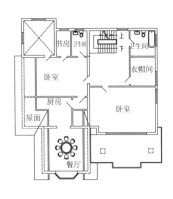

二层平面图

总建筑面积	391.59m²
首层建筑面积	180.00m²
二层建筑面积	165.59m²
地下层建筑面积	- m²
其他层建筑面积	46.00m²

注：设有塔楼，阁楼层设采光窗。

总建筑面积	308.20m²
首层建筑面积	141.60m²
二层建筑面积	99.00m²
地下层建筑面积	- m²
其他层建筑面积	67.60m²

注: 设有车库, 阁楼层设采光窗。

首层平面图　　　　　　　　二层平面图

首层平面图

二层平面图

总建筑面积	420.40m²
首层建筑面积	134.00m²
二层建筑面积	104.40m²
地下层建筑面积	134.00m²
其他层建筑面积	48.00m²

注：阁楼层设采光窗。

首层平面图

厨房 餐厅 储藏 卫生间
上 客厅 卧室 卫生间 洗衣间

二层平面图

厨房 餐厅 储藏 卫生间
卧室 卧室 卫生间 洗衣间

总建筑面积	433.10m²
首层建筑面积	171.60m²
二层建筑面积	171.60m²
地下层建筑面积	- m²
其他层建筑面积	89.90m²
注：阁楼层设采光窗。	

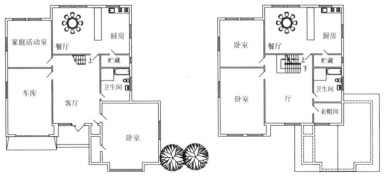

首层平面图   二层平面图

总建筑面积	568.60m²
首层建筑面积	232.00m²
二层建筑面积	198.60m²
地下层建筑面积	- m²
其他层建筑面积	138.00m²

注: 设有塔楼、车库, 阁楼层设采光窗。

上部塔楼

首层平面图

厨房
卧室
餐厅
卫生间
卧室
卧室
客厅

二层平面图

厨房
餐厅
卧室
卧室
屋面
客厅
露台

总建筑面积	440.40m²
首层建筑面积	222.40m²
二层建筑面积	203.00m²
地下层建筑面积	- m²
其他层建筑面积	15.00m²

注：设有塔楼，阁楼层设采光窗。

书房　餐厅　厨房
卫生间　储藏
上
卫生间
衣帽间
客厅

首层平面图

书房　餐厅　屋面
卫生间　储藏　厨房
上下
卫生间
卧室
卧室
花台

二层平面图

总建筑面积	366.20m²
首层建筑面积	164.20m²
二层建筑面积	148.00m²
地下层建筑面积	— m²
其他层建筑面积	54.00m²

注：设有塔楼，阁楼层设采光窗。

首层平面图

二层平面图

总建筑面积	468.90m²
首层建筑面积	198.60m²
二层建筑面积	194.30m²
地下层建筑面积	- m²
其他层建筑面积	76.00m²

注：设有塔楼，阁楼层设采光窗。

首层平面图   二层平面图

总建筑面积	555.80m²
首层建筑面积	216.00m²
二层建筑面积	189.00m²
地下层建筑面积	- m²
其他层建筑面积	150.80m²

注：阁楼层设采光窗。

首层平面图

卧室　厨房　餐厅　卫生间　卫生间　客厅

二层平面图

卧室　厨房　餐厅　卫生间　卫生间　客厅　阳台　雨篷

总建筑面积	430.00m²
首层建筑面积	167.00m²
二层建筑面积	167.00m²
地下层建筑面积	- m²
其他层建筑面积	96.00m²

注：阁楼层设采光窗。

首层平面图

二层平面图

总建筑面积	571.80m²
首层建筑面积	196.20m²
二层建筑面积	137.10m²
地下层建筑面积	224.00m²
其他层建筑面积	14.50m²

注：阁楼层设采光窗。

首层平面图

二层平面图

总建筑面积	381.70m²
首层建筑面积	182.00m²
二层建筑面积	128.00m²
地下层建筑面积	— m²
其他层建筑面积	71.70m²

注：有车库，阁楼层设采光窗。

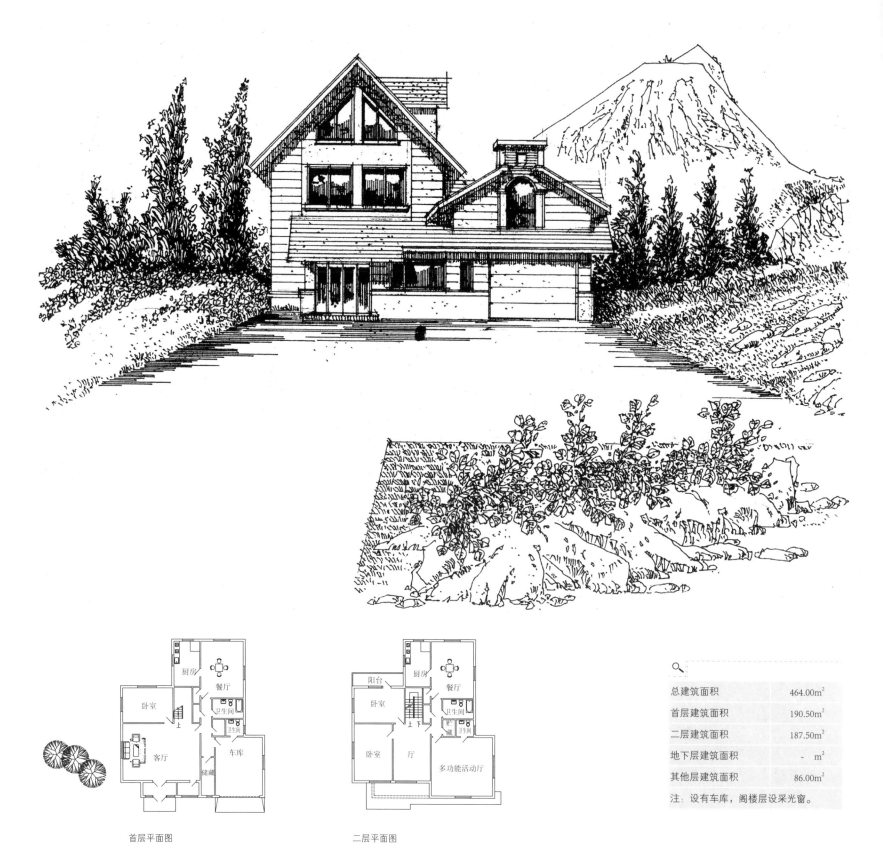

总建筑面积	464.00m²
首层建筑面积	190.50m²
二层建筑面积	187.50m²
地下层建筑面积	- m²
其他层建筑面积	86.00m²

注: 设有车库, 阁楼层设采光窗。

首层平面图   二层平面图

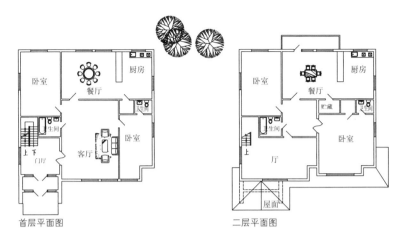

首层平面图

二层平面图

总建筑面积	455.60m²
首层建筑面积	195.00m²
二层建筑面积	187.00m²
地下层建筑面积	- m²
其他层建筑面积	73.60m²

注：阁楼层设采光窗。

首层平面图

二层平面图

总建筑面积	358.80m²
首层建筑面积	156.00m²
二层建筑面积	107.80m²
地下层建筑面积	- m²
其他层建筑面积	95.00m²

注：设有车库，阁楼层设采光窗。

首层平面图

二层平面图

总建筑面积	326.10m²
首层建筑面积	136.50m²
二层建筑面积	105.60m²
地下层建筑面积	- m²
其他层建筑面积	84.00m²

注：设有车库，阁楼层设采光窗。

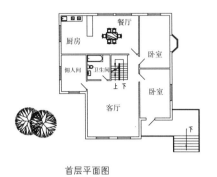

首层平面图

二层平面图

总建筑面积	480.60m²
首层建筑面积	173.60m²
二层建筑面积	133.40m²
地下层建筑面积	173.60m²
其他层建筑面积	- m²

注：阁楼层设采光窗。

首层平面图

二层平面图

总建筑面积	521.90m²
首层建筑面积	196.50m²
二层建筑面积	196.50m²
地下层建筑面积	- m²
其他层建筑面积	128.90m²

注：阁楼层设采光窗。

首层平面图

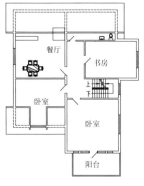

二层平面图

总建筑面积	266.20m²
首层建筑面积	144.60m²
二层建筑面积	121.60m²
地下层建筑面积	— m²
其他层建筑面积	— m²

注：设有标志塔楼，阁楼层设采光窗。

首层平面图 二层平面图

总建筑面积	446.20m²
首层建筑面积	203.60m²
二层建筑面积	178.60m²
地下层建筑面积	- m²
其他层建筑面积	64.00m²

注：设有塔楼，阁楼层设采光窗。

总建筑面积	474.50m²
首层建筑面积	182.50m²
二层建筑面积	158.00m²
地下层建筑面积	– m²
其他层建筑面积	134.00m²

注：设有车库，阁楼层设采光窗。

首层平面图

二层平面图

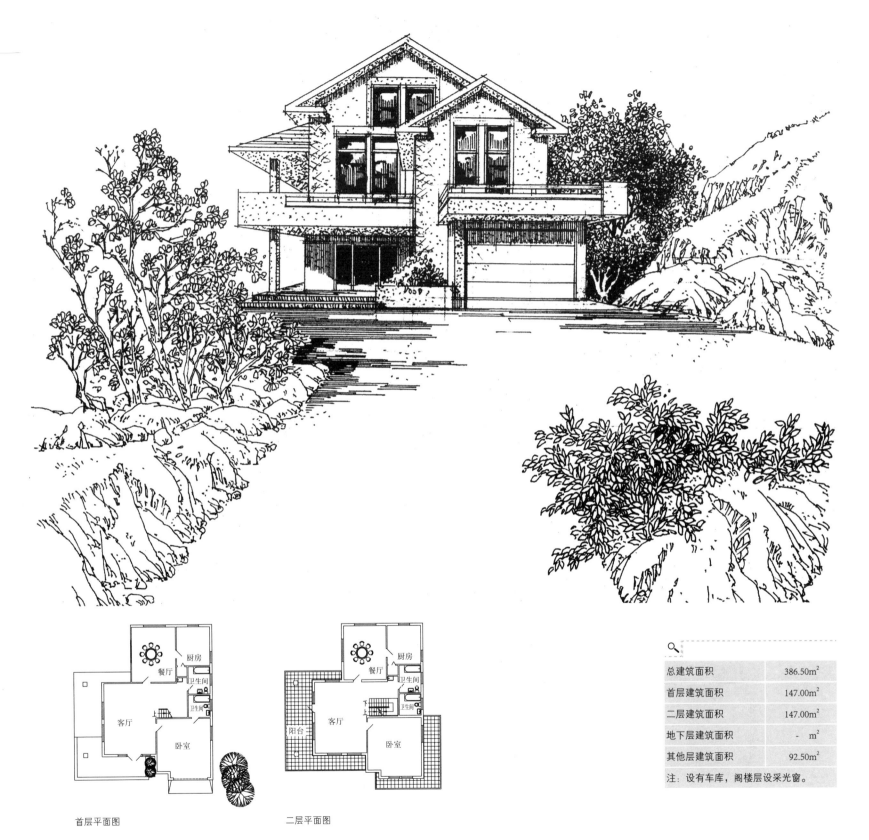

总建筑面积	386.50m²
首层建筑面积	147.00m²
二层建筑面积	147.00m²
地下层建筑面积	- m²
其他层建筑面积	92.50m²

注：设有车库，阁楼层设采光窗。

首层平面图   二层平面图

厨房　卫生间
餐厅　卧室
　　　客厅

首层平面图

活动厅　厨房　卫生间
餐厅　卧室
露台　客厅

二层平面图

总建筑面积	362.10m²
首层建筑面积	154.60m²
二层建筑面积	118.50m²
地下层建筑面积	- m²
其他层建筑面积	89.00m²

注: 设有塔楼、车库, 阁楼层设采光窗。

卧室		厨房
卫生间		餐厅
卧室		
	客厅	

首层平面图

	阳台	
卧室	卫生间	厨房
	卫生间	餐厅
卧室		
	卧室	
屋面		

二层平面图

总建筑面积	430.90m²
首层建筑面积	156.50m²
二层建筑面积	178.40m²
地下层建筑面积	- m²
其他层建筑面积	96.00m²

注：设有车库，阁楼层设采光窗。

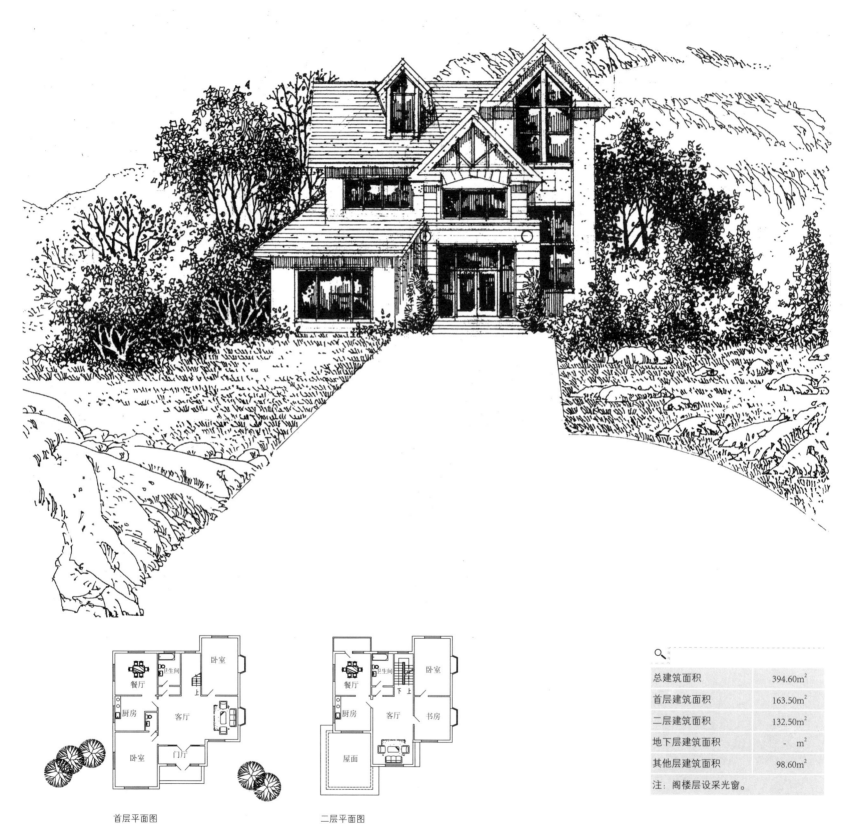

总建筑面积	394.60m²
首层建筑面积	163.50m²
二层建筑面积	132.50m²
地下层建筑面积	- m²
其他层建筑面积	98.60m²

注：阁楼层设采光窗。

首层平面图

二层平面图

首层平面图

二层平面图

总建筑面积	357.60m²
首层建筑面积	143.00m²
二层建筑面积	140.80m²
地下层建筑面积	- m²
其他层建筑面积	73.80m²

注：设有车库，阁楼层设采光窗。

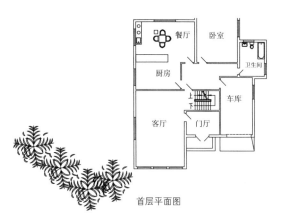

首层平面图

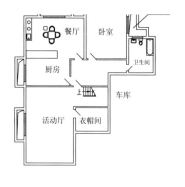

二层平面图

总建筑面积	511.00m²
首层建筑面积	167.50m²
二层建筑面积	146.50m²
地下层建筑面积	121.00m²
其他层建筑面积	76.00m²

注：设有车库，阁楼层设采光窗。

总建筑面积	410.90m²
首层建筑面积	158.30m²
二层建筑面积	154.60m²
地下层建筑面积	- m²
其他层建筑面积	98.00m²

注：阁楼层设采光窗。

首层平面图

二层平面图

首层平面图

二层平面图

总建筑面积	452.00m²
首层建筑面积	176.60m²
二层建筑面积	176.60m²
地下层建筑面积	－ m²
其他层建筑面积	98.80m²

注：阁楼层设采光窗。

首层平面图

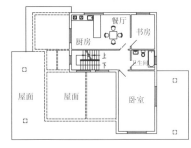

二层平面图

总建筑面积	270.50m²
首层建筑面积	138.00m²
二层建筑面积	87.00m²
地下层建筑面积	- m²
其他层建筑面积	45.50m²

注：阁楼层设采光窗。

作者简介

陈恩甲，1944 年出生，黑龙江省哈尔滨市人，国家一级注册建筑师、研究员、黑龙江建筑师协会会员，主要从事建筑设计、绘画研究工作，爱好绘画和写作，著有《别墅式建筑设计精华》《钢笔手绘别墅表现》和《建筑钢笔手绘——风景·别墅》等，并发表过十几篇论文。

后　记

在许多同事、朋友的热情支持和帮助下，经过两年多的时间，笔者比较顺利地完成了本书的编绘工作。在此对教授级高级建筑师苏士敏、李真茂、陈宇、刘淑荣、陈广、韩昆、赵大文为笔者提供的许多资料和照片表示衷心感谢。此外，我的同事及同窗好友张维斌、武大远、邵力、武文信、陈静范、苏丽荣、潘燕、王凯同志在建筑透视、画面取舍、计算机绘图、文字校审方面也做了大量工作，在此一并感谢。

陈恩甲
2012 年 6 月于哈尔滨